告诉你不知道 但应该知

舌尖上的安全

SHEJIAN SHANG
DE ANQUAN

食品安全真相

农业专家 况敬兵   著
营养专家 胡 波

北京出版集团公司
北京出版社

图书在版编目（CIP）数据

舌尖上的安全：食品安全真相／况敬兵，胡波著．—
北京：北京出版社，2013.4
ISBN 978-7-200-09749-8

Ⅰ．①舌… Ⅱ．①况… ②胡… Ⅲ．①食品安全—普
及读物 Ⅳ．①TS201.6-49

中国版本图书馆 CIP 数据核字(2013)第 051069 号

舌尖上的安全
食品安全真相
SHEJIAN SHANG DE ANQUAN
况敬兵 胡 波 著

*
北 京 出 版 集 团 公 司
北 京 出 版 社 出版
（北京北三环中路6号）
邮政编码：100120
网 址：www．bph．com．cn
北 京 出 版 集 团 公 司 总 发 行
新 华 书 店 经 销
北京同文印刷有限责任公司印刷
*
787 毫米×1092 毫米 16 开本 14.75 印张 200 千字
2013 年 4 月第 1 版 2013 年 4 月第 1 次印刷
ISBN 978-7-200-09749-8
定价：29.00 元
质量监督电话：010-58572393

　　肉鸡是激素催长的吗？鸡蛋还能不能吃？吃猪肉等于自杀吗？转基因食品有多大危害？反季节蔬菜的营养能不能保证？国产牛奶的问题是不是真有那么严重？儿童食品的安全保障到底在哪里？林林总总的这些食品安全问题，总是萦绕在消费者心头。当普通大众温饱得以解决，怎么吃得健康、吃得安全，就成为每一个人提到舌尖儿上的话题。

　　这些饮食安全问题让我们无法坦然面对，最主要的原因是对食品的生产、流通等一系列环节了解得太少。我们不了解农牧渔业产品的生产源头，不了解食品安全的真实状况。而当那么几个恶劣的食品安全事件被媒体曝光后，民众的视线便聚焦在了这些反面典型上，一些不真实的传言推波助澜，搅动了人们平静的内心，人们因此有些忙乱、有些迷失。

　　农药和化肥的使用让粮食增产，也让人们有些提心吊胆；集约化饲养育肥了猪、鸡、牛、羊，人们却感觉少了肉香和舒服的口感；从捕捞到饲养的鱼类海鲜价格亲民，但消费者仍然对它的安全产生疑虑。三聚氰胺、抗生素、瘦肉精的肆虐，使民众的神经变得更加脆弱。买时犹犹豫豫，吃时战战兢兢成了不少人生活中的尴尬情景。

　　难道我们的生活就不能再宁静？不能再以轻松的心情享受美食吗？其实真实的食品安全问题远没有你想得那么严重，如今信息越来越透明，民众有权知道食品安全的真实性，在这本书中，我们分别从农业专家和营养专家的角度在食品的生产源头和科学营养饮食方面告诉读者食品的本来面目和合理科学的饮食方法。

　　当今，我国的农牧渔业正处于向高科技集约化、产业化转变的重要时期，生产中的确会存在一些问题，但是国家也正在花大力气不断地完善和治理。农业科技发展迅速，生产的安全状况也在不断提升，从农田到餐桌的严格管理，终将让我们在不久的将来切实感到放心，让生活变得安宁。

况敬兵　胡波

2013.3

目录

舌尖上的安全

第一章

食品安全，从环境说起

一、现代农业，喜忧参半的高科技

1. 病虫害是人类的克星，极限生存是它们的本领

人类喜欢以自身利益为标准给大自然的生物定性，比如：对人类有利的叫有益微生物、有益植物、有益动物，对人类不利的就被冠以病毒、病菌、毒虫、毒草、毒物等听起来很瘆人的名词。对地球生命体来说，其实无所谓有益有害，既然存在就合理。

以前，水稻、玉米、小麦、豆类、瓜果、蔬菜等经济作物的生长还处于自然生态的环境，生物链的各级生物还能依次发挥作用，田间地头，万蛙齐鸣、鸟语花香，飞禽走兽各安天命的风光景色曾经是那样迷人。可惜，这一切都在人类使用化学农药以后戛然而止，自然生态环境平衡被打破，经济作物异军突起，孤零零地在人类的保护下生长，那些被人类称为病菌、病毒的顽强生命最终在凶猛的化学农药面前缴械投降，威力不再，从而使人类获得粮油果菜的丰收。

不过，人类的本领再大，那些破坏农作物生长的微小生物们都能在化学武器的肆虐中灭而不绝，锻炼出惊人的忍耐力和极限生存能力，使农业生产必须

病菌、病毒与人类的战争

年年种年年灭，因此，大量消耗化学农药。

2. 现代农业的生产方法，使地球失去了安宁

良种、化肥、农药是人类智慧的成果。有了这三大法宝，农业生产完全脱离了自然界的束缚，粮油果蔬的产量剧增，足以养活繁衍速度惊人的人口，从而使人类变得很逍遥。这种非自然力量的膨胀也使人类越来越嚣张，完全不顾地球生物圈的自然运动规律，挤占其他生物的生存空间，掠夺生存资源，使其他野生生物、微生物逐步灭绝。人类的自然科学技术不管有多发达，终究无法避免抵抗地球内部资源被掏空与地表自然修复力消失所带来的破坏力。

3. 大棚作物让你我的气色更滋润

大棚作物技术是人类智慧的又一个成果。倒回去几十年，人们对蔬菜瓜果的摄取还来源于田间地头，收获受制于自然气象，干旱水涝都可能造成绝收。在北方寒冷地区、沙漠地区、海岛地区、青藏高原地区，人们冬天的蔬菜更多的是依靠储存大白菜、土豆等几种有限的种类，十分单一。正是大棚作物的技术成就，使得全国各地的人们一年四季都能吃到新鲜且品种丰富的蔬菜水果，生活质量大大提高。

4. 反季节蔬果是人类智慧的丰硕成果

大棚有一个重要的功能，就是可以人为制造需要的温度和湿度，土壤的养分构成、酸碱度等理化指标也可以根据设计的需要制定，这就完全摆脱了自然环境的束缚。种植反季节蔬菜水果，是针对蔬菜水果本身生长季节性很强、不能满足人们日常生活需要的特点来设计的。

蔬菜水果本身营养物质很容易流失，不像水稻、小麦类食物可以长时间存放。储藏时间短造成了它们的供给缺乏。反季节蔬菜水果充分利用大棚本身密闭性的原理，在生产实践中并不会额外增加有安全风险的技术手段。实际上大棚生产的种子都经过预处理，出现病菌病虫害的可能性比野外环境小得多，因而使用化学农药的几率更低。反季节蔬菜水果的口感之所以差

些，仅仅是因为反季节，享受自然光照的时间短一些，糖分沉淀少一些而已。客观上并不存在任何对身体健康不利的因素。

当然中医对反季节蔬菜的部分看法也是值得借鉴的，任何食物都有它的适宜人群和不适宜人群。比如，对于某些体质虚寒、脾胃虚弱的人，冬季最好不要过多地食用反季节的寒凉食物，如西瓜、黄瓜等，避免引起腹泻。

5. 密植技术养活了更多的人

水稻、小麦、玉米等经济作物的密植技术，表面上看起来只是个简单的农业技术进步，可是它带来的结果是产量翻倍地增长。杂交水稻的高产除了种子、化肥的因素，离不开密植技术的突破，这样才有可能使得科学家亩产2000斤的梦想变成现实；小麦因为密植技术的突破获得高产，白面馒头代替玉米面窝窝头的感觉相当不错，满世界飞的方便面也让我们的选择更多；玉米密植技术使畜、禽、鱼等经济动物获得了更多的能量饲料原料，青贮玉米秸秆是奶牛高产最有营养的青绿饲料，肉、蛋、奶的清香不会从天上掉下来，每一口食物都饱含农民的辛苦和科技的进步。

6. 什么样的环境能生产出高品质的粮油果蔬

植物生长的基本原理是光合作用，光合作用是一个复杂的生物化学反应过程。但是，同一种粮食不同的品质反映出植物的生长并不是白天生长晚上休眠，可能的情况是晚上营养物质在沉积。新疆吐鲁番的葡萄甜度很高，香气迷人，是因为白天日照强烈，昼夜温差很大，使得糖分更加容易沉淀。东北大米之所以好吃，与日照时间长也有很大关系。

可见，日照的强弱、时间长短，环境温差大小都会直接影响粮食作物的品质，有高强度长时间的日照、温差大的生长环境更能生产出高品质的粮油果蔬。

7. 有机食品，从传说到真实的演变

按照欧盟有机食品协会对有机食品的解释，在完全无污染的空气、水和土地中，不使用化学肥料、化学农药生产出的植物产品叫有机粮油果蔬；用有机

粮食饲喂畜、禽、鱼，不用饲料添加剂和药品生产的产品叫有机肉、蛋、奶、鱼。但在目前中国空气、水土污染的严重状况下，很难找到真正洁净的水土环境。更别说农药化肥的滥用，工业饲料添加剂、药品的饱和添加。现如今已经很难找到生产有机食品的空间环境。市场上那些打着有机食品的招牌忽悠消费者的产品绝大部分都只是传说。

有人说，我在远离城市的大山深处，在高度封闭的大棚里，还不能生产出有机食品吗？问题是，空气、水是流动的物质。城市汽车尾气、生活污水，工厂的工业废气、废水都会通过大气循环、地下水径流将有害的污染物带到我们能想象的任何自然空间。就连珠穆朗玛峰上都发现了工业废气尘埃，而在几百米深的海底也发现了工业污染物，其他地方就更不用说了，污染物质的侵袭很难避免。

追求有机食品的理想没有错，不懈的努力加上生物科技、环境科技的不断进步，假以时日，我们总有机会生产出真正意义上的有机食品。英国王室查尔斯以王子的尊贵之躯，为有机食品的事业孜孜不倦，为咱们普通人树立了好的榜样。信心是重要的，有信心就有希望，有持之以恒的坚韧，梦想就有可能变成现实。

 **温馨小贴士**

采摘园的选择技巧

1. 选择城市上风口方向的采摘园。因为城市上空污染物一般会随着风飘向下风口，处于城市上风口的采摘园污染物相对较少。

2. 选择附近有畜禽养殖场的采摘园。附近有畜禽养殖场，采摘园才有机会使用农家肥，否则都是化肥种出的产品，口感不一定好。

3. 城市郊区都有很多农家乐，选择时注意观察其周边种植的蔬菜、水果是不是多，用农家肥种植的菜地和果园，有机肥痕迹很明显。并观察周围是否有畜禽养殖，及畜禽的养殖方法，这些细节可以确定此处农家乐的食材是从市场购买还是自己家生产，因为，不同生产途径所获得的食材品质大不相同。

二、让你我都惊讶的养殖业

1. 人们对肥胖的错误理解，改变了生猪的产业模式

人都有习惯性思维，比如总认为肥胖是吃的肥肉或动物油太多造成的。岂知这是一个大大的思维错位，正是这种谬误思维造成我国生猪产业的大逆转，出现瘦肉型猪一统天下的局面，还闹出瘦肉精的丑闻。

一个肯定的答案：绝不是吃肥肉长肥肉，吃瘦肉就长瘦肉，吃猪蹄皮肤就好，吃素就不会长肉。那么真正的情形是怎样的呢？

已知的生物学专业理论给出这样的解释：食物的营养成分主要有能量物质（脂肪和碳水化合物）、蛋白质、维生素、矿物元素，等等，不管我们吃到肚子里的是肥肉、植物油还是米饭馒头、水果蔬菜，要变成人身上的肌肉或脂肪，首先这些植物或动物的能量型营养物质需要在各种分解酶的作用下经过一系列复杂的生物化学反应，从动物脂肪、碳水化合物分解成多糖，多糖又分解成二糖（果糖或麦芽糖），二糖再分解成单糖（葡萄糖）。分解场所从胃肠道开始，通过血液运输到各个组织器官的细胞，各个环节和环境都从事不同物质的分解活动。

葡萄糖作为能量物质的基本单元在进入人体组织系统的各种细胞后，在细胞基因信息的指挥下，又在各种合成酶的作用下，经过复杂的生物化学反应变成人类身体细胞新陈代谢所需的能量物质形态，从而维持生命运动的能量消耗和储积。

植物蛋白质或者动物蛋白质被人吃进肚子后，依据同样的生物学原理，蛋白质分解成多肽，多肽分解成二肽，二肽分解成终极产物——单肽（氨基酸）。氨基酸是蛋白质系统的基本单元，同样在各种合成酶的作用下经过复杂

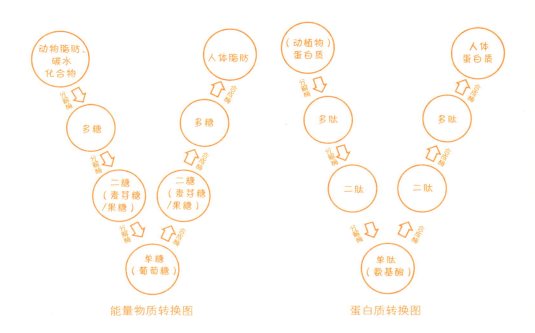

能量物质转换图　　　蛋白质转换图

的生化反应，在靶细胞里合成人体蛋白质。

这说明一个事实，不管你吃的是肥肉还是米饭馒头、蔬菜水果，终极分解结果都是一样的产物，猪的肥肉没有可能直接变成人的肥肉，猪的瘦肉也没理由直接变成人的瘦肉，粮食、果蔬的营养物质转化遵循同样的生物学原理。社会上个别观点说，动物油的脂肪颗粒经过人体血管运输，几个小时后就沉积到了人体的腰部。这样的说法显然不符合基本的生物常识。

人是不是肥胖，关键在于人体各组织系统靶细胞脂肪的合成能力和储积能力，这种能力受细胞的基因信息控制。相对来说，女性身体的靶细胞脂肪合成、储积能力较强，理由是女性要生育，在远古时期的恶劣生存环境里，只有多储存能量和其他营养物质才足以保证新生命的发育需要。看看熊和鲸鱼的生活方式，就可以更直观地理解动物几十万年形成的遗传特征不可能一下子改变。虽然女性的生理特征导致女性更容易长胖，不过女性大可不必郁闷，在战争、疾病或自然灾害面前，体内脂肪多的人更容易生存。其实外观美丽只是人的视觉问题，并不关乎本质，要是生活在汤加王国，只有身材肥胖才算美丽呢，所以说价值观决定取舍。

如今减肥的女性很多，不过至少有一半甚至2/3的减肥者并不在肥胖者行列。仅仅梦想长久保持身材曼妙而盲目减肥，多有营养不良的现象。真正美丽的身材不只是体形曲线分割适当，还要肌肉有弹性，皮肤光滑细腻，经常营养不良根本不可能达成这样的效果，还容易引起身体器官机能病变，得不偿失。

女性减肥者盲目节食是最大的误区。那些脂肪沉积能力强的人"喝水都胖"。不是致病性肥胖就不需要刻意减肥，注意膳食合理，适当运动，保持心情开朗，大都可以保持身体健康美丽。所以，贫困时期也有胖子，不吃肉的和尚尼姑也能变胖，吃素者不见得不长肉，而那些体内靶细胞储积脂肪能力差的女性怎么吃肥肉也都是骨感美人。

就是因为了解专业知识的人太少，社会认识的偏差才导致我国生猪产业畸形发展，瘦肉型猪品种在20世纪80年代引进中国，10年左右的时间，如风卷残云般很快把地方优良的脂肪性猪品种挤出产业舞台。结果，全国人民吃了几十年的瘦肉，除了感觉肉的口感不如以前外，胖子没见少；不吃动物油，高血压、高血脂、糖尿病的人群也没见少，因为这些疾病的产生，与吃动物油还是植物油的关系不大。目前三高病人日益增多的主要原因是：生活水平普遍提高带来了营养过盛，而同时运动量却较缺乏，不能消耗过盛的营养摄入，造成过多的营养堆积，给身体造成沉重负担。

我国的生猪存栏常年保持在4.2亿～4.5亿头的水平，其中农户为主的小规模猪场占50%以上，90%以上的品种是瘦肉型猪，商品猪生长期5个半月能达到100公斤左右，若回到40年前，农民喂一年的猪也就这个重量。生长期短的后果是猪肉里的风味氨基酸、核苷酸和芳香烃类物质的沉积不够，造成猪肉口感不如以前大肥猪的肉香。实际上，要把瘦肉型猪喂到一年以上，肉也很好吃，不过浪费的饲料就多，这跟是野猪还是黑猪的品种无关。

 温馨小贴士

（一）给肥胖者的饮食建议

1. 远离高热量食品是关键。

2. 适宜选择低热量、低脂肪、适量优质蛋白质、复杂碳水化合物（如谷类），并适当增加富含膳食纤维的食物。

3. 单纯减少主食的饮食非常不可取，人体缺少碳水化合物会影响机体生理功能，严重时会使机体产生疾病。

4. 早餐一定要吃，不吃早餐不但不减肥，反而可能增肥，而且对健康不利。早餐可以选用牛奶或豆浆、少量主食，另外蔬菜、鸡蛋、豆制品都可以选择。

5. 午餐吃少量主食，推荐粗粮，适量蔬菜、瘦肉、豆制品，但是注意烹饪中的油脂不宜过多。

6. 晚餐选择粗粮和蔬菜，蔬菜最好凉拌，减少油脂的摄入。

7. 三餐之间可以增加水果，但是不宜选用糖分过高的，而且水果的数量也要控制，不可敞开肚皮随意吃。

（二）肥胖的界定

1. 关于肥胖的界定，世界卫生组织（WHO）以体质指数（BMI）来对肥胖或超重进行定义，BMI是世界公认的一种评定肥胖程度的分级方法。

体质指数（BMI）＝体重（kg）÷身高^2（m^2）

体质指数评价表：

BMI分类	WHO标准	亚洲标准	中国参考标准
体重过低	<18.5	<18.5	<18.5
正常范围	18.5～24.9	18.5～22.9	18.5～23.9
超重	≥25	≥23	≥24
肥胖前期	25.0～29.9	23～24.9	24～26.9
Ⅰ度肥胖	30.0～34.9	25～29.9	27～29.9
Ⅱ度肥胖	35.0～39.9	≥30	≥30
Ⅲ度肥胖	≥40.0		

★此表格数据仅适用于年满18周岁以上的普通人群，运动员、孕妇、哺乳妇女及久坐不动的老人不适用此标准。

2．肥胖者有一个共同特点，走路大喘气，血压、血脂偏高，行动迟缓，反应迟钝。一些男性看起来偏胖，但是骨骼强壮，肌肉有力，行动迅速，反应敏捷，精力旺盛，只能叫健壮，不能归集到肥胖者的行列。

3．肥胖患者常以儿童和青少年居多。35岁以上的男性，30岁以上的女性，身体开始发福，肚腩开始隆起，腰围增加了尺度，这些是新陈代谢的正常发展过程，只要体重不超过正常范围，并不算肥胖。

2．鸡蛋，吃还是不吃，还真是个问题

当今社会，有一个现象导致了很多社会问题。这个现象就是动物营养学家、人类营养学家、烹饪专家三个关乎吃的专业人士群体很少有机会信息交流，知识不能融通。每个领域的专家都从自身的专业角度去诠释动态的食品营养和安全问题，有点盲人摸象的意思，结果就出现大量的信息错位和舆论

鸡蛋，吃还是不吃？

误导。

鸡蛋胆固醇问题就是一个经典的例子！

胆固醇是人体组织非常重要的营养物质，主要来源于自身合成，真正从食物中补充的比例只有20%左右。多年来舆论误导了广大民众对鸡蛋胆固醇的认识，只说胆固醇高的缺点，不说胆固醇在细胞组织中的重要性。鸡蛋的胆固醇含量到底有多高？真实情况是，搜索10个文献有9个不同答案，每100克鸡蛋含有胆固醇的含量在51毫克到1700毫克之间，众说纷纭，一片混乱，反而看不到国际权威机构对普通鸡蛋胆固醇含量的精确发布。各种研究机构、大学、企业就根据自己的学术需要、教学需要、产品宣传需要，随意抓取数据，才会造成不同的结果。生产实际中，不同的蛋鸡品种、不同的饲料、不同的饲养方法确实能够影响鸡蛋里胆固醇的含量。

胆固醇是构成细胞膜的重要组成成分，而且是合成胆汁酸、维生素D以及甾体激素的原料。各种动物大脑里胆固醇的含量都很高，说明胆固醇对大脑细胞组织的存在有相当重要的价值。儿童的身体处于生长发育中，大脑和细胞膜的胆固醇积累需求远高于成年人，如果胆固醇含量过低，极有可能使儿童大脑发育不良，变得呆傻。血管的粥样硬化主要发生在中老年人中，这种疾病产生的主要原因是身体组织器官的新陈代谢功能退化，心脏的搏动乏力，血管的弹性衰退，血液流速慢，才出现血压高、血脂高的问题。鸡蛋中的胆固醇到底对中老年人的心血管危害有多大，至今仍没有结论。没看到任何的报道说某人因为每天多吃了几个鸡蛋就出现高血压、高血脂的案例，也没有专业机构做过人吃鸡蛋可能造成胆固醇过高产生疾病的量化社会学调查，大家都是人云亦云，概念模糊，没有精确的数据支持，媒体舆论也跟着以讹传讹，增加了社会认知的混乱程度。

胆固醇的存在形式包括高密度脂蛋白胆固醇、低密度脂蛋白胆固醇、极低密度脂蛋白胆固醇几种。只有低密度脂蛋白胆固醇才会对心血管有不利影响，而高密度脂蛋白胆固醇是保护心血管的有益物质。鸡蛋里的高密度脂蛋白胆固醇和低密度脂蛋白胆固醇含量是怎样分布的，没有一个专业机构通过检测给社会一个权威的说法。所以，广泛传说的鸡蛋胆固醇对身体有害，学术界也在争论中，民众不必过早下定论。

 温馨小贴士

（一）普通人吃鸡蛋

不管什么人都可以吃鸡蛋，老年人因为要避免胆固醇高而不能吃鸡蛋的言论没有科学依据。食品花样繁多，正常人每天吃一个鸡蛋足矣，喜好这口的可以每天吃，不喜欢的不吃也没啥问题。

儿童和老人最好一次一个，成年人一次可以吃两个，多吃营养也吸收不了，形成浪费。最好的食用方法是吃煮鸡蛋。

（二）孕产妇吃鸡蛋

1. 孕中期和孕晚期由于蛋白质需要量增加，可以适当增加鸡蛋的摄入，推荐孕中期每天不超过2个，孕晚期不超过3个。

2. 以前的产妇坐月子主要靠吃鸡蛋，每天七八个。如今食品丰富，鱼、肉、蛋、奶样样都不缺，再那样吃鸡蛋就太多了。产妇推荐每天也不要超过3个鸡蛋。

（三）老年人的饮食

1. 少吃多餐，每天3~4餐更合适。

2. 牙齿不用或少用更容易脱落，适当咀嚼坚果类硬物反而使牙齿更坚固；牙齿一旦脱落立即装假牙，才能很好地咀嚼食物，这是保持身体健康的关键。

3. 补钙型的保健品真正起大作用的不多，可以收集干净卫生的鱼刺、鱼骨、虾皮等食品副产物，洗干净后晒干，用研磨机粉碎成粉，每天放一大勺在喝的稀饭或开水里吃下，不花钱补钙效果还好。

4. 酸奶、酸菜、酱豆腐、臭豆腐等发酵类食品，可以增加胃肠道的有益微生物群落，常吃可以帮助消化。但是注意腌制食品多数含较多亚硝酸盐，所以食用数量和频率不宜过高。

3.　肉鸡是靠激素催长的吗？

答案当然是否定的！由于农牧渔业生产科学技术的进步速度与消费者科普知识普及速度不同步，因此造成广大民众虽然有知识有文化，但对食品生产领域的信息了解不够多。信息不对称很容易让一些有想象力的人产生联想，加上没有合理的渠道传达真实信息就会造成以讹传讹，形成认知混乱，凭空制造社会的恐慌心理。

具体到肉鸡的真实情况是，只有白羽鸡才是速长品种，土鸡的生长速度并不快，浪费的饲料资源大大超过白羽鸡。我国现有存栏的肉鸡70%以上都是白羽鸡，使用的品种都是美国艾维茵国际禽业有限公司培育的优秀四系配套肉鸡和美国爱拔益加育种公司培育的四系配套肉鸡，这种白羽鸡的特点是生长快，只要饲料营养和管理跟得上，根本不需要添加任何激素就能在45天长到5斤多。说"肉鸡是用激素催成的"是一种传言，不过这种传言不是人为故意传播，基本上是民众不了解专业知识，凭感觉臆想信口胡诌，以讹传讹而已。

很多人都说现在的鸡肉没有以前香，其实鸡肉不好吃的原因是生长周期短，风味物质沉淀差造成的，要把这种白羽鸡养一年，肉质也很香，只是不会有现在这么嫩。

肉鸡不是靠激素催长的

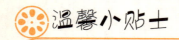

肉鸡的选购与烹饪原则

1. 肉鸡分很多种，其中最多的是45日龄速长鸡和3个月以上的慢长鸡。成年人吃什么方式饲养的肉鸡都不会有任何问题。

2. 中餐菜谱里，有很多风味鸡产品，炸鸡、烧鸡、烤鸡、盐焗鸡林林总总不一而足，但大多数都是用复杂的工艺对鸡进行的过度烹饪。实际上最安全又有营养的肉类菜品是经过简单加工而不是过度烹饪的。香气宜人重口味的食品不宜天天吃。

3. 在选购肉鸡时，应挑选胴体光亮的健康鸡，而表面发黄发暗的鸡有可能是病死鸡或者运输中出现腐败变质的鸡。

4. 赶鸭人的没落

1979年农村土地改革政策出台以前的几千年，在中国南方水稻产区，有一种很受农民尊敬的职业——赶鸭人。出生于20世纪六七十年代的南方人也许还有记忆，赶鸭人挑着鸭棚子，也就是赶鸭人的家，自己的吃、喝、拉、撒、睡全在里面，赶着几千甚至上万只小鸭，沿着一块块水稻田呼啸而过，鸭子们就靠农田里的泥鳅、黄鳝、螺蛳和杂草过活。几十甚至上百公里的路程，沿途人让路、狗不叫，所有生灵都对鸭子和赶鸭人礼貌谦让，经过几个月的集体流浪，小鸭变成大鸭，赶鸭人一年的劳动成果收官，相当有成就。

分田到户以后，赶鸭人再也没有机会在私人承包的农田里路过，而且随着化学农药的使用，鸭们想吃的美味都被毒死，即使能走也走不了多远就会被饿死，赶鸭人这个和养蜂人有一拼的体面职业从此销声匿迹，退出历史舞台。

不过，不能因为赶鸭人走了，咱们就不吃鸭肉了。需求胜过一切，没了赶鸭人，养鸭专业户就应运而生了，水鸭子不够，旱鸭子来补充，终究我国鸭的产业大梁不曾坍塌。尽管到今天为止，吃鸭肉和鸭蛋的人还是不多，但鸭产业的发展空间很大，鸭肉越来越引起消费者的兴趣，鸭业发展势头不错。

温馨小贴士

鸭的烹饪

1. 烤鸭、盐水鸭、板鸭、酱鸭一般家庭不会做，炖是家庭制作的主要方法，魔芋、白萝卜等食材是炖鸭的上好辅料。

2. 鸭子也分蛋鸭和肉鸭，鸭蛋并不是只有咸鸭蛋，鲜鸭蛋的口感和营养一点也不比鸡蛋差。

3. 樱桃谷鸭等旱地鸭的生长期也在45日左右，肉质细嫩。家庭烹饪鸭肉可以用炒、煎、蒸、红烧等简单的方法。传统方式饲养出的鸭子肉质老，适用于炖老鸭汤。

5. 网箱，一种让神也惊讶的渔具

池塘养殖是传统水产品的主要来源，80年代以前出生的人，记忆中鱼都是价格昂贵的珍贵菜肴，即使是生长在鱼的产地，也不是想吃就能吃。直到网箱养殖出现的那一天，鱼就从贵族食品跌落凡尘，成为平凡的大众食品。在现今猪、鸡、牛、羊肉价格上下翻飞，搞得人心惶惶的时代，伤不起的人们暗自感叹：哎！幸好鱼肉的价格还可以接受。这其中除了池塘密集饲养技术水平高以外，网箱养殖功不可没。

网箱养殖是将池塘密放精养技术运用到环境条件优越的较大水面而取得高产的一种高度集约化养殖方式，水库、湖泊、滩涂、浅海是主要的网箱养殖使用场地。

网箱养殖真的是一种神也惊讶的养殖模式，一个网箱相当于一个池塘，不大的水面却能产出堆成小山一样的鲜货，那份海量的收获不得不让人欣喜。最近10年，除了网箱养鱼，网箱养黄鳝、养泥鳅、养螃蟹也跟着发展起来，海水网箱养殖的兴起也开始补充海洋捕捞的不足，成为稳定海产品价格的生力军。

温馨小贴士

采购水产品的注意事项

1. 在农贸市场或超市采购，海鲜产品应尽量选活的。因为海鲜死后很快就腐败，需要小心选购。

2. 远洋捕捞的带鱼等海产品很安全，但是如果运输途中温度没掌握好，化冻后二次冷冻的产品就可能出现腐败。选择的时候注意看表面的颜色，有过二次冷冻的产品表面颜色灰暗，积冰严重。

3. 采购鱼时，现杀的鱼拿回家后放在冰箱冷藏室里排酸2小时左右，再腌制烹饪，味道更鲜美。

4. 带鱼是深海鱼类，不能人工养殖。所以不管是国产的还是进口的，产地是舟山还是海南，只是捕捞地不同，产品都一样。品质上只存在个体差异，不存在群体差异和产地差异。北方人喜欢吃带鱼，明白了带鱼的生长特性就不需要去关注是国产带鱼还是进口带鱼了。

三、牛羊与农机和环保的对撞

1. 农区耕牛，肉质粗糙但很安全

牛肉是个好东西，不过咱们中国人不太会烹饪牛肉，好像除了炖就是酱，这是因为牛肉不是中国人的主食，历史上没有专门的肉食牛。计划经济时代，耕牛是农业生产的动力大军，政府不允许随便宰牛，牛的政治地位甚高。

只有老弱病残的耕牛才能杀，人们大多数时候吃到的牛肉其实都是老得耕不动地的老牛。说真的，在所有动物中，唯有牛是可以让人类灵魂为之下跪的动物。耕牛的一生，对于人类是献完汗水献身体，献完自身献子孙，一生劳苦，代代相继，毫无怨言。

西方的肉食牛，饲养的目的就是供给人吃肉，所以牛吃的是人工饲料。而中国的耕牛，常年劳作，吃的大多是自然草料，农忙季节最多能吃些鸡蛋之类的食品补充体力。长时间农耕劳作使牛的肌肉纤维变得粗糙，不易烹饪，吃起来难以咀嚼，故多以长时间的炖或酱来处理。耕牛的肉虽然难以咀嚼，但是安全系数很高。

2. 机进牛退，耕牛要被灭种，转型是唯一的出路

随着经济和农业科技的发展，农业机械将要成为农业生产的主力军，耕牛的命运就要步马和驴的后尘。近10年，我国耕牛的数量直线下降了30%~50%，耕牛数量的存栏下降使肉牛的牛源变得异常紧张。牛屠宰企业一片衰败，大多是因为无牛可屠而陷于亏损。市场上的牛肉价格一路上扬，把越来越多的低收入家庭排除在消费行列之外。

我国牛肉市场的现实情况是，高档牛肉稀缺，低档牛肉数量也不宽裕，

整个产业低迷。耕牛要想不被灭种，只有在下岗后另谋出路，走肉食牛的产业路子。

温馨小贴士

牛全身都是宝

1. 牛的品种不同，牛肉的品质差异很大；不同部位的牛肉品质差异也很大。耕牛的肉质粗糙，大多只能用于酱、卤或炖。

2. 同样是耕牛，水牛肉比黄牛肉粗糙一些；内蒙古的草原红牛和青藏高原的牦牛虽然不是耕牛，但是由于饲养时间都在3~5年，加上长期抵御严寒气候，所以肉质也比较粗糙，但是生长环境洁净，所以很安全。

3. 由于牛是草食性动物，牛舌和内脏是营养不错的食品。特别是牛胃、牛的大小肠都是很好的平滑肌，营养丰富。

4. 牛蹄、牛尾、牛头是难得的美味。

3. 草原牛羊与环保的对撞

草原牛羊是牧民的主要食物来源。很久以前，牧民饲养牛羊主要是自给自足，无须考虑外界的需求，牛羊数量被控制在合理的范围之内，草场肥力适度，草原环境优美，自然生态的链条能达到很好的平衡。可惜，草原牛羊肉的美味逐渐为外人所知，草原生态的一切都在城市人胃口大开的疯狂索取中逐步走向崩溃。

仅仅几十年的时间，上万年安定的草原牧区变得满目疮痍，牧民那颗本来憨厚宁静的心也被外界的喧嚣带动，变得浮躁。为迎合市场的需要，无节制地扩大牛羊的饲养，肆无忌惮地破坏草场，终于让草原体力透支，不堪重负。

退牧还草的政府干预政策，强制将牛羊的数量降了下来。但直接的效应就是把羊肉价格从4块多钱一斤变成30块钱左右一斤。10年前，工商局执法大队抓用羊肉冒充猪肉的假贩子，现在是抓用猪肉、鸭肉和其他说不出名字的肉来冒充羊肉的假贩子，可见商业冒险都来源于利益的驱使。

4. 农区山羊，任重道远的使命

我国的肉羊，产销地区传统上都在我国的北部和西部地区。退牧还草的政策估计不会松懈，羊群数量连年下降成为挡不住的残酷现实，羊肉价格成了劳动人民心中的痛，这个问题不解决，人民群众的胃口被拖馋了，在舆论力量越来越彰显的时代，难免不会出现不满情绪，政府的压力也会很大。

纵观天下，能扛起恢复羊肉产业这个伟大使命的就只有农区山羊。山羊和绵羊相比，适应能力更强，山羊除了石头不吃什么都能吃，有粮食秸秆的地方就能圈养。城市郊区农民每年在收获季节都喜欢偷懒，将秸秆一烧了之，处处烽烟滚滚，污染了空气，还阻挡了飞机，让市民怨声载道，如果将这些秸秆用来养山羊，郊区农民就会翻身变成环保积极分子。

山地和平原的农区，大量的秸秆都没有得到有效利用，"过腹还田"的口号喊了几十年，都没得到很好的贯彻实施，主要是没有经济利益驱动。现在机会来了，政府、企业、农民携手一起上，大力发展农区山羊经济，让羊肉价格回归到普通民众消费得起的水平，也为和谐社会作点儿实实在在的贡献。

温馨小贴士

羊肉及羊副产品的选择

1. 冬天购买羊肉片如果贪图价格便宜大多会上当。如果条件允许，在挂着羊胴体的专卖柜台现买现卷，拿回家冻好后再找人片成羊肉片，才能吃到真正的涮羊肉。

2. 羊生长最快的时间是4月龄以前，所以市场上才会出现羔羊肉。羔羊肉和一年以上的大羊肉比，肉质更加细嫩。带皮羊肉是另一种风味食品，适用于红烧或炖，和精瘦肉比，有另一番不错的风味。

3. 羊骨、羊头、羊蹄熬的汤有特别的鲜香味，适用于做汤菜，味道特别鲜美。

4. 羊内脏是不错的食材。卤制后做成凉菜，是餐桌的美味佳肴，羊杂汤更是美味中的上乘菜品。

四、奶牛，强壮民族的先锋

1. 鲁迅笔下的英雄

"横眉冷对千夫指，俯首甘为孺子牛"，"吃的是草，挤的是奶"这些溢美之词是对奶牛的伟大赞美。奶牛的品种有黑白花牛、娟姗牛、更赛牛、爱尔夏牛等，中国的奶牛基本上是黑白花牛，原产于荷兰，100多年前引进中国，经过适应性培育，初步形成了中国黑白花的奶牛品种。中国的奶牛年存栏在1400万头左右徘徊，新疆、内蒙古、黑龙江是主要的奶牛养殖地区，存栏占全国的50%以上，这3个地区跟美国加拿大的主产区同处于奶牛养殖的黄金纬度。

奶牛耐寒怕热，性情温驯，一年泌乳期为305天。我国奶牛平均产奶量4000多公斤，而美国加拿大的奶牛平均产奶量8000多公斤，被称为高产奶牛。

2. 牛奶的营养，不可替代

牛奶的成分：乳蛋白3%左右，乳脂肪3.6%左右，乳糖4.5%左右，总干物质含量约为12%，其余88%是水分。牛奶的钙含量为140毫克/100克左右，属于高钙食品，且钙磷比例适当，利于钙的吸收。

牛奶营养最大的特点是营养物质全面、转化吸收率高，对消化功能不完备的少年儿童和老人尤其有益。中医认为牛奶味甘、性微寒，具有滋润肺胃、润肠通便、补虚的作用。牛奶还是女性美容护肤的佳品，女性常喝牛奶可减缓骨质流失。

牛奶适用于各年龄层次人群，每天饮用200~250毫升就可以满足人体新陈代谢的需要，多喝无益。

3. 中国奶业，在坎坷的路上艰难前行

奶牛在中国的发展历史虽然长，但是产业发展缓慢。直到1996年以后才进入高速发展时期，其间涌现出一批规模化乳品企业，带动当地奶业的发展进入快车道，其中以伊利、蒙牛、三元、光明、完达山等为首的老品牌和一批后起之秀构成了中国奶业的基本格局。2002~2004年期间，我国投入大量资金和人力从美国、加拿大、澳大利亚等奶牛主产国引进几十万头高产奶牛，给奶牛产业打下了良好的基础。

可惜的是，快速发展中逐渐呈现出牛奶行业的企业文化不成熟，过度的商业化运行使部分牛奶公司的社会责任感严重不足，才出现三聚氰胺那样的安全事件。此事的影响连年发酵，使国内牛奶的安全问题被人为夸大，而国外的奶制品企业趁机煽风点火，借机高价倾销自己的奶粉产品，并垄断婴幼儿奶粉市场，刻意制造社会的恐慌气氛，造成广大民众对国内牛奶的信任危机。

三聚氰胺本是一个局部的质量安全事件，可是在人为因素作用下被发酵成为全行业的灾难，而且影响范围之广、时间之长历来罕见，很可能被载入中国国家食品行业灾难的史册。因此事件受到打击的首先是含辛茹苦的奶农，大量的健康奶牛被宰杀，牛奶被倾倒，养殖户血本无归；其次是消费者，在没有话语权的环境下不得不支付几倍的高价购买进口奶制品。国内牛奶企业受到牵连的主要原因还在于自身的经营理念和社会责任感缺失，不能承担起带动国家奶业健康发展的重任。

温馨小贴士

牛奶食用小知识

1. 现在社会上关于牛奶安全的传言很多，一些讹传已经给不少家庭选择牛奶产品带来了问题，需要警惕！如果要了解牛奶安全的真相，建议向畜牧行业的专业人士请教比较靠谱。

2. 牛奶的特点是富含乳清蛋白和酪蛋白，对消化道功能不强的儿童和老人吸收营养有很好的辅助作用。一些成年人因为过去生

活条件差，没有食用牛奶的经历，胃肠道微生物不适应牛奶中的营养物质，可能会出现胃肠不舒服的现象，也就是我们所说的乳糖不耐受。

3. 牛奶是一种很容易腐败的食品，离挤奶时间越近就越安全。能长期存放的牛奶都经过超高温处理，营养流失较大，而且还有不少的外来添加物。

第二章

不安全的食品，问题出在哪个环节？

一、良种，让人惊喜也让人纠结

1. 袁隆平先生得到人民群众内心深处的尊敬

袁隆平先生及其团队创造的成就在中央农村经济改革政策推行的关键时刻发挥了强大的技术推动作用。杂交水稻成果的推广使粮食产量的增幅跟上了庞大人口增幅的消耗需求，在农村经济体制改革成就中功勋卓著，人民群众在心底给予袁隆平先生及其团队成员最大的尊敬。有网友调侃，我们反对腐败分子，反对房地产商，不反对袁隆平高消费，袁隆平得到国家500万元的奖励是当之无愧的。公道自在人心，谁是国家的英雄，谁是捣乱分子，人民群众眼睛雪亮，心里明白。

2. 美国孟山都公司是天使还是魔鬼？

近两年，国内讨伐美国孟山都公司的声浪高涨，大有不把孟山都赶出中国不罢休之势。

实际情形真有那么可怕吗？

美国孟山都是全世界最大的育种公司，掌握着最先进的育种技术和最大的种子基因库。很多渠道显示，对孟山都公司口诛笔伐的恰恰是美国人自己及其欧洲的盟友。这家种子公司对于美国、中国乃至全世界，到底是天使还是魔鬼？给人的感觉是云山雾罩，分不清谁是朋友谁是敌人。

从技术上讲，孟山都公司对世界各国的农业生产发展提供了优良的种子，使世界粮食产量获得巨大的增长，养活了更多的人口，成绩斐然。反对孟山都公司的人群和团体，主要的攻击利器是拿转基因作物说事儿。要说明的是，转基因技术并不只是孟山都一家公司的专利，全世界的生物科学家都有权利和机会自由地研究开发转基因产品。孟山都利用法律规则抢占已有技术产品利润的获取模式，跟计算机、软件、手机、电视等电子产品的专利利润获取模式没什么两样。

3. 面对转基因技术的利弊争议，君子动口别动手

转基因技术，是育种领域的先锋，生物科学技术的伟大成就。这种技术的成功，改变了传统育种技术慢、散、乱的弊端，可以在短时间内很精确地达到育种目标。

总结起来，转基因技术有几个优势：

（1）和传统育种技术比，快速、精准。传统育种需要几十年的时间，用转基因技术几年就可以完成，而且稳定新品种更快更准。

（2）能实施跨物种的基因组合，开辟育种领域的新天地。可以是植物之间的跨物种基因组合，也可以是动物和植物之间的跨物种基因组合。是人类智慧掌控大自然的有力工具。

（3）不用农药、少用化肥同样可以达成粮食作物高产丰收的目标，使常规技术不能种植粮食的滩涂地、盐碱地、贫瘠地、旱涝地都可以种植粮食作物，缓解地球上人口膨胀带来的生存压力。

（4）能生产出天然的保健食品和功能食品，降低体弱人群对医生和药物的依赖，活得更有尊严。

（5）可以让农业生产摆脱气候、季节、水土环境的约束，使农业进行工业化生产模式变成可能，提高人类对自然的掌控能力。

不同人群对待转基因产品的态度不同

转基因技术的几个劣势：

（1）在实施转基因工程之前，需要对被转的基因和受体基因所包含的基因信息进行全面的了解。要对那些可能潜在的不利于新品种健康的信息进行有效屏蔽或剔除。一旦这个工作有疏漏，就有可能将潜藏的有害基因信息带到新的作物品种中，人一旦吃了这种含有有害基因信息的粮油果蔬，它们在转化成人体营养物质的过程中不幸被表达，人就有可能中招，成为无辜的病人。

（2）转基因技术的广泛使用，会使自然界的野生生物加快消亡速度，因为生存空间都被由人控制的生物挤占。大自然的物种多元化恢复能力越来越低，最后地球生物结构和形态就变样了，可能引发的地球表面生物圈被破坏的可怕后果无法推理和想象。

（3）转基因作物还拥有的一个重大本领就是能杀死被人称为"病虫害"的细菌和虫子。不过在同一个自然空间环境里，和这些所谓"病虫害"的细菌和虫子同时存在的还有对人类有好处的"益菌"和"益虫"。转基因作物的基因武器不排除将这些有益的生物顺带着一块儿消灭了，这是全世界人民都不愿意看到的结果。

任何一个新事物的出现，都是有利有弊的，人们要做的就是兴利除弊，不过这个活儿应该交给那些有专业知识和专业能力的生物科学家去完成，普通大众要对政府的监管有信心，对科学家的工作有耐心。没必要凭着空穴来风的消息和不知所以的想象就跟着起哄，给和谐社会增添紧张气氛。

温馨小贴士

主粮的选择和烹饪技巧

1. 关于转基因产品的争论是科技前沿话题，普通民众最好不要参与一些过激的社会组织活动和发表过激言论，对政府和专家要有信心和耐心。是不是要购买转基因食品根据每个人的情况来选择，妖魔化转基因食品的言论不值得信赖。

2. 陈年大米颜色发黄，如果被奸商用化学物质处理变白会留下异味。所以采购大米不但要看色泽，还需要用手抓起来闻一闻。

3. 夏天的大米很容易长虫子，在太阳底下晒2个小时基本上就能消除米虫和异味。生虫的米依然可以食用。

4. 焖米饭时一般将大米淘洗一两次，淘米次数越多，营养损失也更多；淘米水含有丰富的营养物质，泼洒在花盆里能给花卉提供丰富的营养。

5. 大米、面粉、玉米3种主粮中，营养成分各有千秋，最好能平衡摄取。

6. 杂粮是很多消费者喜欢的食品，它除了有丰富的营养外，还有很多膳食纤维，经常食用好处很多。但是幼儿消化能力差，不宜多吃，消化能力差、贫血、缺钙、肾脏功能异常的人不宜过多食用。成年人经常吃些二米饭更容易实现膳食营养平衡。

7. 麦粒中的高营养物质都在麸皮里。面粉太精细反而得不到好营养。全麦粉容易带给人更全面的营养，虽然口感不好，但可以通过发酵、蒸熟等手段改进。不过也不必为了追求营养天天吃，几天吃一次即可。

4. 精妙的克隆技术，克隆人可怕，克隆别的就很可爱

孙悟空拔下几根猴毛一吹，一群小猴子就迎风而生，打得牛魔王吱哇乱叫。这是最早的克隆记载，看来孙悟空才是克隆技术的祖宗。让神话变成现实的只有人，只是人的自然繁衍能力太强了，地球已经被压得气喘吁吁，如果克隆技术用于人类，确实有些可怕，比如让希特勒再蹦出来，就很吓人。不过，如果是用来克隆别的动植物，就很可爱。总结起来，克隆的好处有以下几点：

（1）可以让灭绝的动植物重生。

只要有活细胞或者干细胞，就有机会让灭绝的动植物重生。远古灭绝的生物，如果能在超低温冷冻环境或沙漠干燥环境下留下尸骸，现代生物科技如果

能找到其中的干细胞，就有可能克隆出原本生物，这些也许不再是童话，真的可能变成现实。

（2）可以快速恢复残缺的肢体，让残疾人不再痛苦。

残疾人很痛苦，不过，有克隆技术帮忙，用身上的一个细胞就能把缺少的肢体原样长回，变成正常人。谁也无法避免变成残疾的可能，有这样的先进科技，可以让残疾人活得更有信心更有尊严。全世界人民翘首以盼，希望生物科学家们的克隆应用技术往这个方向多努力。

（3）育种的先锋。

对于那些有着特别意义的动植物，在它们死亡之前，克隆一下，就能继续享受它们带给人类的好处。实际生产中，像美国那头能让母牛一年产23吨牛奶的公牛，就值得克隆一下，让它持续繁衍后代，使优良基因的威风代代相传；那些能抗旱、抗倒伏、抗病虫害的粮食作物，用克隆技术大量复制，就不需要用那么多的化学农药污染环境了。

有利必有弊，克隆技术的问题也不少：

（1）克隆虽好，克隆人太可怕。

克隆虽好，但若被好事的科学家用来克隆人，对人类的存在意义提出挑战，普世价值观就会混乱、迷失。

（2）干扰大自然的繁衍规则。

物种多样化是地球变得美丽的一个重要因素。如果克隆被用来大量复制现有种群中最有利用价值的经济型动植物，终结优胜劣汰的自然繁殖规律，那么生物群落就会变得单一，人类的存在环境也会变得枯燥无味。

（3）减少基因变异，延缓物种进化。

物种进化是基因变异的成果。咱们能从猴子变成人，是因为基因的环境适应性变异比猴子跑得快。高产粮食作物、高产肉蛋奶的畜禽都是利用育种技术，将具有优质基因的个体筛选出来而产生的。大量使用克隆技术，可能会使人们不再有兴趣和动力去继续筛选更加优质的生物基因，农牧渔业生产将可能处于停滞状态，人一旦变成惰性动物，退化回去当猴子也不是不可能。

 温馨小贴士

食材小知识

1. 豆腐渣是被人遗忘的优质食品。它富含膳食纤维，还含有一种抗癌物质——皂角苷。多吃豆腐渣没有饥饿感还能抑制脂肪吸收，是爱美女性、肥胖者以及糖尿病患者难得的优质食品。用小葱炒、鸡蛋炒、加进面食蒸或烙就能变成营养美食。

2. 土豆、红薯产量大，且膳食纤维、碳水化合物、维生素、矿物质等含量丰富。以此作为辅食能给身体营养代谢平衡提供良好的促进作用。每周吃几次土豆、红薯类食品对身体健康很有好处。有人担心肥胖不敢食用土豆和红薯，殊不知它们不但不增肥，反而是减肥食品。

3. 白萝卜、胡萝卜虽然水分含量高，但是营养价值很特别。冬天用白萝卜或者胡萝卜炖肉、炖排骨，既有营养还能清理体内垃圾，调理体内新陈代谢平衡，预防和治疗感冒，是难得的美味佳肴。

二、从爱到恨的化学肥料

1. 石油和天然气，不只是用来燃烧

说到石油天然气的用途，一般人最先想到的就是用来燃烧。其实，比燃烧更重要的是用它们来生产化学肥料和化工材料，人类的生活才会变得丰富多彩。化肥是重要的农业生产资料，是农业生产和粮食安全的重要保障。经过多年持续快速发展，我国已成为化肥生产和消费的大国。

2. 化肥，能让人饱食也被人唾弃

化肥确实是个好东西，一大堆畜禽粪便抵不过那一小撮白色颗粒带给植物的营养，使用起来轻便还干净，农民兄弟很喜欢。化学肥料的使用使粮食的产量神话变成现实。化肥产品如果提前20年得到推广，20世纪60年代初的三年自然灾害也许就不会发生，残酷的饥饿也不至于给几代人留下残酷的记忆。

化肥虽然使产量增加，但是让粮油果蔬的口感下降，水果酸酸的味道刺激着人们挑剔的味蕾，也成为人们唾弃化肥的理由。

化肥，让人欢喜让人忧

3. 过量使用化肥造成环境污染，但这并不是化肥的错

过量使用化肥造成土壤板结，环境恶化，是人们对化肥口诛笔伐的又一个借口。过犹不及这个成语流传了几千年，反映了任何事物一旦过度就会起反作用的真理。化肥好使，但农民兄弟们没有得到很好的技术培训，没有科学合理地使用化肥。好吃就多给点儿是一种习惯思维，淳朴的土地耕耘者基于对经济作物的感情，希望多给点就能让粮油作物活得更健壮些，岂知化肥凶猛，多用的结果会呛死它们，多余的化肥会在土壤和水中残留，给环境造成污染。但追究其责，化肥只是替罪羊，造成这些恶果的主谋是人。

 温馨小贴士

有关化肥的小常识

1. 化肥能提供粮食作物碳水化合物、蛋白质合成的主要营养，跟用农家肥生产的粮食比较，除了口感差些以外，营养成分含量没有什么区别，但是产量就不可同日而语了。

2. 人们对直接入口的蔬菜水果类产品的口感要求更高些，所以在选择的时候，可以尽量选择用有机肥生产的蔬菜水果。不过用有机肥生产的产品的营养价值跟用化肥生产的产品的营养价值并没有太大的区别。

三、离不开的农药

1. 人与菌虫的战争是年年上演的大戏

地球生物圈里，微生物才是老大，没有植物和动物，微生物可以单独存在；如果没有微生物的依托，植物和动物就没有生存的可能。

以人类现有的认知水平，将微生物分成几类，以细菌为参照物，比细菌小的叫病毒，比细菌大的叫真菌，比真菌大的叫原生植物和原生动物。其实，看不见的微生物世界，真实状况不只是人们现在发现的那样简单。

在地表的生存空间里，人类用智慧消灭了那些跟自己争夺能量和营养物质资源的生物，驯化出名叫"粮食、果蔬"的植物和能生产"肉、蛋、奶"的动物。地球生命体是有思想的，面对人类这种高级智慧动物的泛滥，就需要尽最大可能提供制衡生物，跟人类争夺能量和营养物质。那些被人类叫作"病毒、病菌、毒虫、毒物"的生物就承担着这个使命。每一年，人与菌虫的大战都轮番上演，成为大自然的战争游戏。

2. 农药是保护粮油果蔬安全的特种部队

水稻、小麦、玉米、豆类这些决定人类生存的粮食作物跟猪鸡牛羊一样，都是人类驯化的生物。它们的存在目的不是为了丰富大自然的物种，而是变成了依赖人类生存的工具，没有自主和自由，和野生植物、野生动物的本质定义完全不同。

在自然生态环境里，生物链的存在可以使各种生物在一个环境里都有生存的空间，都能享受能量和营养物质资源。不过，粮食作物的生长不在一个自然的生态环境里，也没有生物链存在。自然选择的理论在这里用不上，所以只能出现和人类直接对抗的小众生物。水稻的稻瘟病、黑色菌核秆腐病、白叶枯病、矮缩病、恶苗病、纹枯病；小麦的全蚀病、根腐病、纹枯病、白粉病和条锈病；玉米的大小斑病、圆斑病、黑粉病以及豆类的几十种病害都是由一些非常强悍的病毒、细菌、真菌等微生物制造的，水稻螟虫、稻飞虱、稻苞虫、稻纵卷叶螟、稻椿象；小麦的蚜虫、红蜘蛛、地下害虫；玉米的螟虫、灯蛾等，这些都是具有强大生命力的小昆虫。尽管人类制造的化学药物铺天盖地，这些菌儿们、虫儿们表面看起来很弱，但它们表现出来的灭而不绝的坚韧，远远超出人类的想象，要彻底消灭它们绝非人力所能及。

在争夺口粮的战争中，农药无疑是人类最强大的武器，虽然那些跟人类大战的菌类、虫类年年灭、年年生，但至少在当年保证了粮食、果蔬作物的健康生长，能为人类提供果腹的产品。

这种非原生态环境下的争夺，基本上是你死我活的战争，表面看起来没有硝烟战火，其实后果一点儿也不比人类战争逊色。如果没有农药的强力灭杀，几十亿、几百亿的病菌、害虫们只要有喘息的机会，瞬时就会一拥而上，快速啃食，用庞大的数量优势在几天甚至几小时内让粮食作物倒毙当场，给人类迎头痛击。

3.　没有农药，咱们将被打回饥饿时代

农药按用途不同，分杀虫剂、杀螨剂、杀鼠剂、杀软体动物剂、杀菌剂、杀线虫剂、除草剂、植物生长调节剂等；按来源不同，分为矿物源农药（无机化合物）、生物源农药（天然有机物、抗生素、微生物）及化学合成农药三大类。

矿物源农药是起源于天然矿物原料的无机化合物和石油类的农药。它包括砷化物、硫化物、铜化物、磷化物和氟化物，以及石油乳剂等。目前使用较多的品种有硫悬浮剂、波尔多液等。

生物源农药是指利用生物资源开发的农药。它包括动物源农药（如杀虫双、烯虫酯、昆虫性引诱剂、赤眼蜂等）、植物源农药（如除虫菊素、印楝素、丁香油、乙烯利等）、微生物源农药（井冈霉素、白僵菌、苏云金杆菌等）。

化学合成农药是由人工研制合成，并由化学工业生产的农药，其品种繁多（常用的约300种），应用范围广，药效高。

如果没有农药，人类将会回到饥饿时代，全世界人民集体面黄肌瘦，大人走路摇

摇晃晃，小孩们皮包骨头、营养不良，国内再不会有大街小巷到处浪费粮食的现象。没有农药的保驾护航，人类生存的首要任务就是为那口饭而战，国与国之战不是为争夺石油而是为糊口的粮食，一个馒头可能会经常引发血案，一袋大米、一把面条就能腐蚀那些腐败分子，平凡百姓还有机会过富足的生活吗？那将是遥不可及的幻想。

4. 承担农药毒素的代价，你我没得选择

农药的火力强大，对病菌、害虫虽然致命却无法让其绝种，年复一年地使用农药，对农田土地、水资源、空气形成累积性的污染，农民的生存环境越来越恶劣，健康状况也在农药的戕害中逐步委顿。

农药的化学物质残留在土地和水中，多少都会被粮食作物吸收，潜伏到咱们吃的粮食里去，水果、蔬菜生长期短、附着力强，更容易受到农药里有害化学物质的污染。城市居民虽然不必直接接触农药，但是每天食用蔬菜、水果也会间接受到农药的伤害。这是咱们必须承担的代价，没得选择！我们企盼在不久的将来，更多的知识农民加入生产，更多有效的代替有毒农药的产品被研制开发，政府更加严厉地监管，带给我们更少的农药伤害，还给地球更加干净的未来。

温馨小贴士

对付农药与害虫的小方法

1. 水稻、小麦、玉米的籽实带着壳，受到农药污染的机会相对少些，因此大可不必对大米、面粉的安全问题过分担忧。

2. 农药污染的主要对象是水果、蔬菜，由于空气污染物残留更加顽固，所以吃水果的时候，能削皮的尽量削皮，宁可损失果皮里的养分，也要避免农药残留和空气污染的污垢残留可能给身体带来的危害。

3. 蟑螂是一种对人类的生命健康造成危害的昆虫，其存活对水的依赖性很强。白天家里没人或晚上睡觉后，要尽量保持房间的干燥，把厨房和卫生间的垃圾清理干净，水渍擦干净，杯子和碗里的水盖严实，更重要的是不要用湿布天天拖地。只要不给蟑螂接触水的机会，蟑螂活不下去了自然就会跑掉。

四、进步还是倒退——浅说饲料

1. 不知谁在养活谁？理不清的中美贸易

中国和美国的关系剪不断理还乱。中国一边放给美国人十几万亿美元的外债，让他们有力气在全世界嚣张，一边每年从美国进口二三千万吨大豆、三四百万吨玉米，以及上百万吨的猪肉、几万吨牛肉、几十万吨鸡肉，等等。美国人跟其他西方国家的人一样，不喜欢吃动物内脏和下脚料。结果每年大量的动物内脏、猪蹄、鸡爪等中国人认为很美味的食品从美国涌进中国的餐馆和老百姓的餐桌，让中国人享受饕餮的快感。在中美两国深度密集的经济纠葛中，还真不知道是谁在养活谁？

中国的工业饲料发端于20世纪80年代初在深圳登陆的正大康地饲料公司，这家公司是泰国正大饲料公司和美国康地饲料公司合资的企业。这家企业生产出的长得像老鼠屎一样的颗粒饲料让中国农民惊讶了一回。随着农村经济的快速增长，这种美味饲料像龙卷风一样横扫华夏大地，迅速而彻底地改变了中国饲养畜禽鱼的习惯和模式。

2. 产量导向型经济，让工业饲料雄起

有文字记载的5000年历史，无法说清中国人在历史上有多少回吃得安逸，不过眼下不少人动不动就对食物横挑鼻子竖挑眼的言行可以多少反映出食物供给的充裕。如今肉、蛋、奶、鱼的充足让人们吃得发腻，这归功于国家几十年来产量导向型农村产业经济政策和工业饲料行业的雄起。

中国的工业饲料在原料选择、饲料配方、生产方法、使用方法上都模仿美国为代表的西方发达国家。所以，西方人因富足而产生的肥胖、"三高"疾病

也被中国人学得有模有样。

中国人真正从饥饿的泥沼里走出来是在20世纪90年代后期，工业饲料的增长曲线跟民众脱离饥饿威胁的曲线遵循着同样的轨迹。2012年，中国的工业饲料达到1.7亿吨左右，早已超英赶美，宏大的数字一点儿不苍白，起码告诉你虽然物价上蹿下跳让人惊心，但是农副产品的巨大存量能确保大家不会受到饥饿的困扰。

产量导向型经济的思路充分体现在工业饲料的配方方面。动物营养学家们充分发挥专业本领，让饲料的营养成分转化率走向极致。虽然过度地追求生长效应让食物的口感差强人意，但是最大限度地节约了国家的粮食资源。

3. 有机会为食品安全叫喊，是因为你我能饱食

有个成语叫"饥不择食"，说的是人在饥饿的时候对食物选择是不那么讲究的，事实也是如此。30多年前，一个月能吃一次肉就是一种奢侈，一碗米饭、一个白面馒头是很多人的梦中追求。食糠咽菜在饥饿时代并不是传说，面黄肌瘦是那时国民的普遍状况。农村经济体制改革的成功实施，解放了农村劳动力，杂交水稻技术、化肥农药的使用、工业饲料的崛起在短短几十年时间，

现在：
我要安全食品！

30多年前：
我要温饱！

民众对食品的要求与30多年前不一样

让人民群众逃离饥饿，享受着古代皇帝也不敢想的口福，整个社会快速进入饱食的时代。以至于90后的孩子们都以为现在的富足是从天上掉下来的，根本无法想象父辈祖辈的从前其实是不堪回首的梦魇。

如今，食品安全成为了民众发泄恐惧情绪的一大话题，这是人们能轻松获取食物，长时间饱食出现的本能反应，吃饱了就想吃好，吃好了还想再好，这是习惯性思维，无可厚非。只是不要忘记，你我今日能饱食，工业饲料功不可没！

自从三聚氰胺、瘦肉精事件后，政府下血本对食品行业进行了整治。纵向比较，现在的食品行业比过去任何时候的安全系数都高，可社会民众的心理恐慌和指责声浪不但没有减退，反而不断升高，食品安全的恐惧感和危机感被盲目夸大。

这个现象表现出我国民众社会心理不成熟，严重缺乏独立辨别能力和判断能力。稚嫩心态的最大特点是带有自卑性质的"跟着起哄"，不管事实的真相如何，别人说什么都信。

另一方面是一些掌握公共话语权的媒体缺乏专业精神和职业道德，眼里只有自家媒体的收视率或销量，为了刺激民众眼球不择手段，利用民众社会心态不成熟的特点，芝麻大的小事情常被极度夸大，局部的安全事件被描绘成全行业的危害，喜欢营造社会惊悚气氛，把民众的脆弱心理推向恐惧的悬崖，让民众生活在不真实的担忧和恐惧里。

4. 工业饲料的忧患——重金属潜伏

工业饲料的巨量生产，使我们的国家和人民变得富足。但是，工业饲料里潜藏的隐患也值得注意，只是广大民众并不知道实情而已。工业饲料的最大特点就是营养全面而且转化效率很高。这其中的原因就是添加了很多的营养添加剂，人们所担忧的动物食品安全问题主要就来自于这些饲料添加剂。

饲料添加剂分矿物元素添加剂、维生素添加剂、氨基酸、酶制剂、微生物添加剂、抗氧化剂、防腐剂、香精调味料、着色剂、黏合剂、多糖寡糖等100多种添加剂。

这些饲料添加剂绝大部分是没有安全问题的。相对来说，由原材料来源和生产工艺原因形成的安全问题，主要来自矿物元素添加剂，而其中最大的问题就是重金属潜伏。矿物元素添加剂分常量元素添加剂和微量元素添加剂，比如钙镁就是常量元素，铜铁锌锰就是微量元素。大部分矿物元素的来源是矿藏，一部分是化学合成。蛋鸡需要吃大量的石粉或贝壳粉才能产下健康的鸡蛋，其中石粉就是山上的石头直接粉碎而得，大自然里的石头可能潜藏着铅汞等重金属元素；补充动物钙磷的磷酸氢钙主要来自于磷矿，磷矿里氟含量偏高，氟虽然不是重金属，但如果传递到人体，牙齿等器官容易受到侵害；饲料级铜铁锌锰微量元素的生产多用化学工艺，常有砷、铅、汞、镉、铬等剧毒微量元素物质的潜伏。这些剧毒物质对人类身体的危害都能在大众读物里找到答案。

铜铁锌锰微量元素虽然是人体必不可少的，但其本身也是有毒物质，适量是补品，过量就成毒品。在养殖生产实际中，铜属于重金属，硫酸铜的使用容易使动物的皮肤红润、毛色光亮，使动物外观看起来有卖相，常被养殖户过量使用，过量的硫酸铜与没有合理比例的硫酸亚铁配伍就变成了毒品，一旦传递到人的身体里，危害很大，特别是生猪、狐狸、长毛兔等动物养殖容易出现这样的问题。钙和磷、铜和铁是典型的协同矿物元素，二者结合，只有比例适当才可能使其中一种被良好吸收。现实生活中，人们总喜欢讨论补钙，事实上过量的钙离子对身体有害无益，只有合理的钙磷比例才可能达到补钙的效果。

温馨小贴士

（一）猪肉的选择技巧

1. 看颜色：病猪肉或老母猪肉的颜色发暗。
2. 看毛孔：年龄大的老母猪，毛孔粗大，皮质粗糙发硬。
3. 看弹性：用手按压，猪肉的弹性越好，质量越好。

（二）猪肉的烹饪技巧

1. 生长期短的猪肉，水分比较大，口感稍差，煎炒的时候多放些植物油做底油，味道会好些。

2. 现在的猪肉都比较嫩，五花肉可以参考西餐的烹饪方法，多以煎、烤为主。传统的中式烹饪方法适合选择饲养时间更长一些的猪肉。

3. 真正在深山草原等野外环境放养长大的畜禽，虽然生长环境好，还经常运动，疾病少了，用药少了，口感好了，但是它们可能携带野生环境下的病菌和病虫，食用这类野生畜禽容易把菌虫传导到人的体内，因此这类肉食品更适合炖煮，长时间的高温炖煮更容易杀死病菌、病虫。

五、不带有色眼镜看动物用药安全

1. 抗生素的纠结

最近有美国官员在媒体上声称，美国的制药厂，50%的抗生素药物是用于动物养殖，只有50%的抗生素药物是直接用于人体治疗。中国动物养殖的饲料模式和饲养模式都是从美国学来的，在滥用抗生素的问题上估计和美国的情况差不多。

动物饲料滥用抗生素的主要原因来自于集约化饲养模式。一个猪舍常关着几百上千头猪，一个鸡舍常关着几千上万只鸡，空气稀薄造成的氧气不足是动物患病的最大诱因，这么多动物个体在一个狭小的环境里，身体释放的热量、呼出的二氧化碳、粪尿的臭味使恶劣的空气环境雪上加霜。这种环境很容易造成病菌的繁殖，只有在饲料里大量使用抗生素药物来预防病菌的繁殖才可能保证动物的正常生长。但是如果人体吃了服用抗生素药物添加剂饲料的动物，抗生素就会传递到人体并形成累积，会使人体肠道内的有害细菌产生耐药性，还会杀灭人体肠道的有益菌。

这个世界性难题困扰着人类，在生存和安全之间还真不好选择。解决抗生

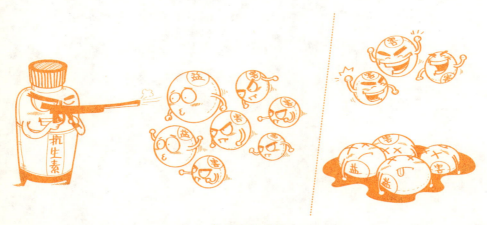

抗生素的威力

素滥用的基本方法是：①降低饲养密度，增加畜禽运动，每天有足够的时间让畜禽在室外活动；②用酶制剂、微生物制剂等增加畜禽肌体的抵抗能力，少用或不用抗生素。

2. 中药西药，哪个更厉害？

中药和西药的药理特点反映了中国人和西方人的性格特征。一个含蓄、一个生猛，一个曲里拐弯达到目的，一个直来直去夺取胜利。

近些年来，中国的饲料企业寄希望于用中药替代西药特别是抗生素药物，降低抗生素药物在饲料中的使用量，但实际效果还在摸索中。

中药的药理和西药不同，在集约化养殖环境下，病毒细菌的繁衍势头比较凶猛，中药的药理是通过全身的慢性调理以增强动物体质，从而抵抗疾病的侵扰，重在预防，需要长期调理，周期长，但副作用也小些。

估计在动物饲养中中药产品、微生物制剂和酶制剂联合使用会产生更好的效果。

西药的特点跟西方人的性格一样，兵来将挡、水来土掩，在各种复杂的病菌面前，见鬼灭鬼、见神灭神，毫不含糊。只是常有错杀好人的悲剧产生，那些对动物身体健康很重要的有益菌也在抗生素的凶猛攻击中被消灭，使动物的胃肠道微生物环境脆弱不堪。那些累杀不死的病菌一旦产生抗药性，就变成动物体内的悍神，稍有风吹草动就开始发威，让体弱的动物非死即伤。养殖户没有办法，只有更大剂量地使用西药，造成恶性循环。

中药和西药，到底谁厉害？真是神也说不清楚的话题。

3. 环境制剂，让动物更安全

既然集约化养殖动物的身体健康威胁主要来自于环境，针对环境的药方才是解决问题的根本。养殖环境包括养殖场周围外部环境、圈舍内环境、动物体内环境，这3种环境如果恶劣都容易诱发疾病。

山地养殖场最好选择远离人群、有山有水、空气流通、交通方便的孤立环境；平原地区也需要选择远离人群、水源充足、交通方便的地方，在圈舍分布上要拉大间距，间种大量的绿色植被或灌木乔木，优化养殖场外部的空气环境。

每天用化学消毒剂给圈舍消毒是现代化养殖农户和养殖企业最大的败笔，也是人为制造动物疾病的罪魁祸首。这个习惯和理念来源于美国等西方国家的饲养模式，中国同胞不加分析就照搬过来，结果把自己的脚砸得生疼。

有益微生物是大自然环境保持优化的基石。跟善良人都比恶人性情温顺的道理一样，有益微生物也是性情温顺，相反有害微生物则性情凶悍。每天的化学消毒剂，可能把有益微生物杀得一干二净，而部分坚强的有害微生物会用休眠的方式抵御，所以结果是灭而不绝。它们的强悍和坚韧跟田地里的有害微生物有一拼，有非常强大的生命力。人类摸不透这些病菌的特性，盲目地使用化学消毒剂，其实是在花钱给自己制造灾难。

理智的办法是：以菌制菌，摒弃西方人的杀灭文化，改用东方人的抑制文化。基本原理是在动物的体内外环境里培养大量的有益细菌，在数量上占据优势，挤占有害病菌的生存空间，压迫有害病菌的繁殖，从而使有害病菌达不到致病数量，就可以防止动物疾病的产生。

有益菌的反击

这个原理同样适合于社会管理：人性都有善恶两面，社会管理者不要一味地打压犯错误的人，而是要想办法让社会民众的善性得到张扬，恶性得到抑制，每个人都能自觉地关心自己生活的社会环境，而不是遇到任何的不如意就只知道指责他人、指责政府、指责社会，只有这样做，整个国家和社会环境才会安定、和谐。人性浮躁是造成社会不安定的重要因素，造成人性浮躁的原因是扭曲的价值观念和不健康的社会文化泛滥，抓住源头治理比花大力气去抓小偷，打击黄、赌、毒等劳心费神的功效要好很多。

 温馨小贴士

选购和食用肉、蛋、奶、鱼产品的小知识

1. 集约化饲养环境下，肉、蛋、奶、鱼的药物残留不可避免，杜绝生吃是必要的。不管是多高级的肉、蛋、鱼，鼓吹生吃只是商业噱头，不要轻信。

2. 打着"有机"幌子卖高价的肉、蛋、奶、鱼产品，最需要我们擦亮眼睛仔细分辨。只有内蒙古大草原深处和青藏高原、新疆等工业不发达地区的牛羊肉产品才有可能达到纯天然的要求，但也很难说就达到真正的有机食品要求。

3. 牛羊肉分草饲和谷饲两种。草饲牛羊主要在牧区生长，特点是饲养时间长，肉质比较老，但是安全性高。谷饲牛羊主要在农区饲养，一般用人工配合饲料和草料集约化饲养，饲养时间短，肉质鲜嫩，但用兽药的机会多，安全性相对较低。

4. 兔肉，是人们没留意的优质肉食品，由于生长期短，兽药的用量少。兔子是生物链底层的食草动物，肉质细嫩鲜美。古人言："飞禽莫如鸪，走兽莫如兔。"兔肉比牛羊肉好烹饪，特别适合处于生长发育时期的儿童青少年食用。

5. 驴肉、鹿肉都是小品种肉类，数量少，价格贵，购买时需要特别注意生产厂家和产地，非主产地的产品更容易造假。

六、流窜的病死畜禽肉

1. 集约化养殖，难免的病死率

集约化饲养，圈舍内空气稀薄、氧气不足，引发畜禽个体一系列的健康安全问题，体弱者很容易生病死亡。正常情况下，一个500头以上的规模猪场，一批商品猪的生产周期是5个半月，其间的病死率在10%～20%，若遇到传染病疫情侵袭，死亡率更高；1000只以上的肉鸡场，批次生产周期45天，正常病死率在15%左右，若遇到传染病疫情侵袭，死亡率可达到50%甚至全军覆没；肉鸭的生产情况和病死率情况与肉鸡类似；3000只以上的蛋鸡场，批次生产周期18个月左右，正常病死率在20%左右，如果遇到传染病疫情侵袭，死亡率可达到50%以上甚至全军覆没；牛羊等草食性动物的情况要好些，但是遇到传染病疫情，还是逃不掉大规模死亡的命运。

2. 对病死畜禽肉的处理，是个世界难题

我国近年的畜禽出栏情况是：

（1）生猪存栏4.5亿头左右，其中种猪存栏4000万头左右，年出栏商品猪6.7亿头左右，按照保守的10%左右病死率推算，一年有7000万头左右的猪死亡；

（2）肉鸡年出栏5批，总出栏量在50亿只左右，按照15%左右的病死率推算，一年有7.5亿只肉鸡死亡；

（3）蛋鸡存栏30亿只左右，年淘汰老母鸡15亿只左右，按照20%的病死率推算，一年有0.6亿只左右蛋鸡死亡；

（4）肉鸭年出栏10亿只左右，按照10%的病死率推算，一年有1.0亿只肉

鸭死亡。

以上数据只是按照正常情况下推算，如果出现传染病疫情，局部地区的死亡率可达到50%以上。

3. 病死畜禽肉广泛流窜，一直在害人

多年来，中国政府对病死畜禽的管理松懈。养殖企业或农户，出于对投资成本的本能维护，在没有监管的情况下并不会主动采取深埋或焚烧的办法处理那些病死的畜禽。那些潜伏在农村的死猪、死鸡、死鸭贩子就应运而生。他们将这些病死畜禽低价收购，做成熟食，向市场兜售。大部分民众并无分辨病死畜禽肉的能力，那些爱吃熟食的人就稀里糊涂地吃进不少死猪肉、死鸡肉、死鸭肉。

全国一年产生的病死畜禽到底有多少？统计数字会根据疫情发生的严重程度而变化。实际上这些病死畜禽真正得到深埋、焚烧处理的不足10%。国人的身体健康安全一直受到病死畜禽肉的威胁是一个值得深入关注的问题。

病死的畜禽肉做成菜肴成为百姓的盘中餐

4. 政府的作为，是解决问题的关键

对于病死畜禽的处理，全世界都是个头疼的难题。美国算是对养殖行业管

理很不错的国家，畜禽病死率和中国的情况差不多。采取的办法大都是深埋、焚烧。深埋会对土地和地下水资源造成严重污染，焚烧会对空气造成严重污染。一方面，政府的严厉监管，是解决病死畜禽问题的关键。这就需要政府制订严格的监管政策和操作技术规范，并要制订严厉的处罚制度加以警示。另一方面，政府需要出台资金补助政策，积极引导畜禽养殖企业和农户主动处理病死畜禽。对病死的畜禽进行深埋和焚烧并不是最好的处理办法，这会给空气、土地和地下水资源带来二次环境污染安全问题，并会在其他方面给民众的健康安全带来新的威胁。

比较可靠的处理办法是，政府出资扶持专门的生物肥料企业，将病死畜禽集中收购、粉碎后，与有益活菌、动物粪尿、植物秸秆等材料一起搅拌，堆积发酵制成生物肥料，变废为宝。因为有益微生物的参与，那些让畜禽生病死亡的病毒、细菌就没有机会在肥料的环境里繁衍扩张，使环境二次污染得到了有效控制。

温馨小贴士

购买畜禽肉类食品注意事项

1. 病死畜禽肉的主要流窜对象就是熟食和肉馅产品，因此购买街边小店和摊贩的熟食和肉馅类食品需要特别小心。相对来说，县级城市和乡镇农村比大城市更容易受到病死畜禽肉的困扰。

2. 一般的肉类熟食产品里，生产厂家都会添加足量的磷酸盐，虽然在规定含量内对身体无害，但常吃也会形成无机盐积累，不建议经常吃这样的熟食，避免造成隐性伤害。

3. 包装熟食一般都含有防腐剂，牛肉干、鱼干之类的产品水分小，含量也少一些。食欲节制是保证身体健康的重要措施。

4. 病死鱼虾也容易被不法商贩利用，打成肉糜混到冷冻食品的生产中，因此在购买鱼丸、虾丸之类的冷冻产品时需要留心。

第三章

农牧渔产业在变化，食品安全也要提升

一、什么叫战天斗地？看看大棚技术的威力

1. 北方冬季的苦涩记忆

20年前，一到冬季，北方居民的一个重大任务就是购买大白菜、土豆进行冬储，整个冬季就靠有限的几样当家菜过活。老说北方的妇女不太会烹饪，其实真不是因为她们懒惰，实在是因为没有材料让她们练手。北方人口味重，一方面是由于寒冷，另一方面是由于蔬菜品种太少，人们体内缺乏维生素、氨基酸、微量元素这些维持身体新陈代谢平衡的营养物质。

人类存在几十万年，黄河流域以北大都属于偏寒冷地区，冬天都没有办法吃上新鲜蔬菜，作为生物的补偿效应，就出现北方出产的粮食和蔬菜营养成分含量高。一方面是由于单季种植日照时间长，昼夜温差大；另一方面是由于北方的水土到了冬天就出现寒冻，使大量的土地养分得到很好的沉积。所以，南方人到北方生活很容易长胖，跟高营养食物有很大关系。一方水土养一方人，得失相生，是自然调节的规律。

2. 让理想变成现实，只在梦醒时分

猜想在几十万年前，咱们的祖先应该分布在南北各地，南方古人在冬天打猎失败的时候，至少能拿鲜嫩的青草、茎叶充饥。北方古人冬天游猎失败，就只有吃雪的份儿。先前，北方人去南方，最羡慕的估计就是南方人一年四季都能吃上新鲜蔬菜了。南方妇女的精湛厨艺来自于食材丰富、调味料齐全的大环境下的学习和锻炼。北方民众的理想是什么时候也能在冬天尝尝鲜嫩的蔬菜。

大棚的出现，让这种梦想得以变成现实。可以说，人类在农业生产方面的智慧，最伟大的成就在于大棚作物生产的技术成果！

大棚作物的出现，完全颠覆了传统的人类食物受制于自然气象和季节轮换的限制，使南、北、东、西的各种食物终于走到了一个平行线。高原、沙漠、海岛无菜可吃将成为历史，人类的身体机能和健康状况有了明显的改善，北京市政府号召本市居民减少食盐摄入、改变重口味的饮食习惯也有了现实意义。

3. 没有土地也能种菜，一种鬼斧神工的成就

有了大棚的基础，很多奇迹就能在这个平台上演。无土栽培技术就是成功的范例。近些年城市发展迅猛，常有拆迁矛盾上演生死劫，其中农民对土地的感情是拆迁纠纷中很难解开的一个心结。有土地才能出粮食，以前是个亘古不变的真理，人类战争的历史主要就是争夺土地资源，以土地主权为理由的国家纠纷天天在演绎。

无土栽培颠覆了这种传统政治，以美国为首的帝国主义现在用大棒打人，他们不再以土地为借口，改为地下资源。以色列那样的弹丸之地能在战争阴霾中存活发展几十年，最厉害的还是他们利用土地资源的智慧。

无土栽培技术不但能生产出安全的健康食品，最主要的是能彻底改变农民的地位。农民这个职业要想变得更有尊严、更体面，无土栽培技术将成为角色换位的推动主力。地球人口数量如此庞大，土地承载能力眼看不行，西方人喜欢用向外太空移民的幻想来诠释出路，其实大可不必。无土栽培技术的广泛使用，摆脱了对土地的依赖，农业生产就不只是个平面概念。

没准儿哪天，你看到一幢10层楼高的大楼，认为那一定是个高档写字楼，那你就错了，你错在被习惯思维所骗。未来的农业生产，完全可以在高楼大厦里展开。城市艺术农业将会是下一个很灿烂的产业，像北京、上海、广州、深圳、香港这些大城市，说不准哪一天，这种灰蒙蒙、雾沉沉的楼宇外观就可以被千姿百态、鲜艳夺目的奇花异草、粮食蔬菜装点。农业在现代科学技术的支撑下，从农田飞进城市，深居高楼大厦的城市居民在自己家里种植自己吃的粮食、蔬菜完全可能变成现实。

4. 未来的大棚，神奇果蔬的舞台

现在的大棚种植，还处于开发的初级阶段，简单的种植远远没有展现大棚技术的风采。随着计算机软件技术、网络技术、转基因技术、克隆技术等等现代化科技的成熟，大棚就可以实现营造人类只要想象得出来的任何生物圈环境。例如，只要日照时间长、昼夜温差大就可以生产出更高品质的粮食水果蔬菜，那么，大棚就有可能模仿吐鲁番的环境生产葡萄，模仿哈密的环境生产甜瓜，模仿我们想要的任何一种生物圈环境生产高品质的粮食水果蔬菜。

在不久的将来，大棚的概念远远超脱塑料大棚的束缚，各种材质各种形状的大棚会和城市艺术结合，在规划部门的设计下从城市郊区、从广袤农村飞跃而来，融进城市的每一个角落。城市不再是水泥钢筋的天地，城市的能量物质循环变得更有实际意义，市民和农民的身份差异会逐步模糊，最后彻底消灭城乡差别。

5. 太空食品，还是悠着点

我们相信，每天太阳的光和热能给地球生物带来外界的能量和物质补充。但不管怎么说，地球还是一个自我保护能力很强的独立生命体。人类利用太空飞行器跑到地球外面的宇宙世界去探索，主要是满足好奇的梦想。地球以外的宇宙射线和粒子流跟地球本身是不是融合，目前还完全处于不可知不可控的状况。那些粮食种子搭乘宇宙飞船去地球以外的宇宙环境体验被宇宙射线和粒子流辐射的结果，目前没有任何的技术能说清楚它对人类的安全保障到底如何。

太空种子回到地球，基因变化的方向、程度完全不可知，这样的种子种出来的粮食蔬菜更大的作用是用于生物科学研究，还不具备食用的功能。擅自食用这种食品潜藏的健康危害风险远不是目前争议很大的转基因技术风险可比的，在不可控的情况下盲目乱吃食物容易惹下麻烦和祸患，悠着点比莽撞要好。

温馨小贴士

蔬菜水果小知识

1. 大棚蔬菜水果的生产环境更容易控制，受到野外病虫害的侵袭程度轻一些，农药的使用量也相对小一些。

2. 大棚蔬菜水果产品的整齐度好，颜色更加鲜艳，营养成分更加均衡。

3. 反季节蔬菜水果是人类智慧战胜大自然约束的伟大成就，它只会给人类的生活带来更多的满足，社会上关于反季节蔬菜水果副作用的讹传不必在意。火车刚出现的时候，也遭到英国人的嘲笑和讽刺，但仍挡不住它在人类文明发展史上的光彩地位。反季节蔬菜水果的情形也是一样。不过体质虚寒的人要避免在冬季食用某些寒凉瓜果蔬菜。

4. 从生长环境分析，世界上品质最好的葡萄不应该在欧洲，应该在中国新疆的吐鲁番地区。所以，真正能酿出世界上品质顶级葡萄酒的地方不应该在法国，应该在中国新疆的吐鲁番。

二、20年后的农田谁来种？

1. 农村青年已经不会种地，农田危机不是玩笑

民工潮促进了国家的工业经济迅猛发展，农民工是城市基础建设的主力军，农村劳动力过度转移，造成农村劳动力结构严重异化。现实情况是，老弱病残成为农业生产的看守和主要参与者，"90后"的农民子弟更喜欢城市的喧嚣和繁荣，对农业生产不再感兴趣。那些进入城市的农村青少年，70%以上不再热衷于农业，也没有学会农事常识、农业生产劳动的基本技能。现在扛着农业生产大旗的主力军都是40岁以上的中老年人。20年以后，这些劳动力会因体力不支退出农业生产，那个时候的农田危机不是玩笑，而是残酷的现实。

2. 计算机技术进入农事，正能量惊人

计算机技术、信息网络、人工智能等这些现代化科学技术被用于工农业生产，加快了创造社会财富和经济价值的速度，其发挥的正能量惊人。农业产业的工程技术基础薄弱，祖先传了上万年的耕作方式让农民很受伤。良种、化肥、农药、工业饲料、兽药、鱼药的发明应用，终结了传统自然农耕的束缚，丰富的农副产品使人们逃脱了饥饿的折磨。苍天有眼，在城市发展疯狂占地，人口增长和食品供给增长不合拍的时候，人类的智慧让计算机技术、信息网络、人工智能这些闪亮的技术面世，让人类的生存发展有机会又一次从困窘中逃脱。

上一次的农业技术革命是农业生产资料的物资革命，这一次是信息和技术的工程革命，每一次农业革命都会使人类的生存发展获得一次巨大的张力。一部分人总是能在每次的农业产业革命中先抢到红利，成为先富起来的那部分人。

3. 农业机器人的研发，需要纳入国家战略

这不是一个耸人听闻的话题，也不是哗众取宠的游戏。目前国家面临的农业生产现实问题确实潜伏着巨大的危机。国家权力中心决策层最需要解决的两大战略问题：一个是农业生产的持续性；另一个是严重老年化社会到来后的食品供给安全问题。这两个问题的症候反应就在未来20年左右的时间出现，能让政府和人民群众准备的时间和空间并不是宽松到可以吊儿郎当地应对。

解决农业生产的持续性问题，农业机器人是最有力的武器。制造农业机器人的理论和技术基础都已经成熟，需要的只是政策扶持、资金注入、人才队伍和推广应用。这是一个国家战略层面的问题，需要各级政府、各界人士的积极参与，有超前意识的企业家和投资者应该抓住这个难得的产业成长机会，奋勇跟进，不仅利国利民还能挣业绩，而且能让企业文化和人生价值闪现耀眼的光辉。

✺ 温馨小贴士

大米、杂粮的选择和烹饪技巧

1. 同样是农产品，南方和北方比，南方日照时间短，粮油果菜的营养成分要差一些，大米和面粉的口感和营养都不如东北、华北地区一年只生产一季的农产品。

2. 南方水稻主产区的一季稻叫籼米，因为日照强度小、日照时间短造成营养物质沉淀不够、口感差，大都用来做动物饲料或者作为生产酒、药物的原料。一些奸商将这种米卖给小饭馆或者工地老板，获取不当利益。消费者在采购大米时需要注意，籼米色泽苍白，表面粗糙不圆润。

3. 大米的米皮里含有丰富的维生素类营养物质，所以每周吃几次糙米饭跟二米饭有异曲同工的妙用。

4. 夏天用红豆、绿豆一起熬粥，比单独的绿豆汤更有营养和防暑效果。

5. 粥快熟时，将绿叶类蔬菜切碎后放入烫熟拌匀，会使粥的口感更好、营养更全面。

三、安全猪肉，真真假假的游戏

1. 没有饥饿感的味蕾，制造诸多是非

传说朱元璋做乞丐时，有一次饿极了，恰好得到一碗用吃剩的白菜和豆腐烩成的汤，感觉真是美味无比，便给这碗汤取了个美丽的名字，叫作"珍珠翡翠白玉汤"。做了皇帝后他也没忘记当年那口剩饭的美好感觉，便命令御厨照模样去做，可他怎么也吃不出当年做乞丐时的美味感受。这是什么原因呢？不是厨师不努力，也不是大白菜和豆腐在作祟，一切都是环境变化后朱元璋味蕾的问题。没有饥饿感的味蕾，变得麻木，也让人焦躁，会制造诸多是非。

人生的幸福是什么？饿极了有个馒头，困极了有个枕头，寒冷后有件棉袄，寂寞时有个谈得来的朋友……那些生在富贵之家的子弟，因为没有贫困穷苦的经历，比穷家子弟更难找到人生的幸福，所以性情常变得乖张暴戾，与普通人民群众不合群，价值观念容易扭曲，活得也挺憋屈。

今天的社会比较浮躁，没有饥饿感的味蕾让人失去宽容和谅解。社会普世价值的缺失让人变得越来越自私，稍不如意就对他人、政府、社会横加指责。在饱食的时代，需要培养饥饿的精神，物欲横流只能使人变得愚蠢，社会变得混乱，民族不能振兴，国家得不到发展。

猪肉的味道，被世人横加挑剔，更多的是缺乏对食品真实含义的理解。今天的猪肉，换到40年前那个时代，同样被尊为天物，人人倍加珍爱。饥饿更容易让人懂得珍惜，清贫更容易提升人的精神境界。

野猪肉、黑猪肉并不能带来更高的营养和安全，能做的只是暂时满足挑剔的味蕾对人们清醒认识的破坏。

2. 瘦肉精的疯狂

　　瘦肉精是一类动物用药，有数种药物被称为瘦肉精，例如莱克多巴胺及克伦特罗等。将瘦肉精添加于饲料中，可以增加动物的瘦肉量，减少饲料使用，使肉品提早上市，降低成本。但瘦肉精对人体有危险的毒副作用。瘦肉精并非中国独有，美国、加拿大、新西兰等国家一直允许合法使用。瘦肉精的毒物名字叫"β-兴奋剂"，1987年就被中国农科院的畜牧专家在理论上引进中国，一些大学的教授和研究生在做研究的时候只看到了它的好处，并没注意它是个毒物。当人们的口味变得挑剔的时候，瘦肉就成了盘中尤物，那些无良商人开始注意到瘦肉精能让生猪多出瘦肉的时候，无知的养猪农户被教唆就成了必然的结果。

　　政府迟到的监管让瘦肉精在猪身上很是疯狂了一回，毒害了不少无辜的人民。不可原谅的是，那些受过动物营养专业训练的畜牧行业人士，明知不可为而为之，丧失了起码的专业精神和职业操守。老百姓在不具备专业鉴别能力的情况下，"被"吃下去瘦肉精这样的毒物，成人很无辜，儿童很受伤。

　　面对一波又一波翻滚而来的化学毒物侵害，人民须绷紧警惕的神经，不能只依靠政府和专家，媒体舆论也需要发挥更细致的监督作用，同时也不要无原则地夸大，社会需要的是事实真相，夸张的噱头很容易让人民心里发慌，导致焦躁恐慌情绪蔓延，增加维稳难度，还容易被坏人利用从而破坏和谐社会的安定团结。

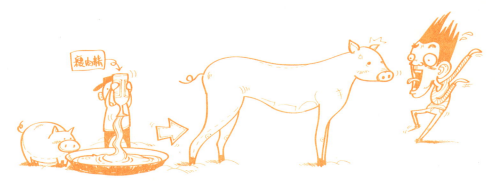

瘦肉精的威力

3. 野猪，参加育种才是你的亮点

想吃瘦肉了，结果却被"瘦肉精"害了；瘦肉味变淡了，就有商人趁机炒作一些不真实的概念，迎合人们对口味的挑剔诉求，是否真的很好吃、更有营养价值不是他们关心的事情，掏出你兜里的钞票才是商人首要的任务。野猪肉的出现是近10年的事情，不知道是哪个商人善于幻想，凭空就能认定野猪肉好吃，能改善人们对猪肉品质的要求，这种观点误导很多养殖户踏入这块商业领地。

实际上，野猪是一种有极强生命力的野生动物。野外生存能力超强的原因是它嗅觉灵敏、能奔善跑，别的动物不敢吃的它敢吃。它们的胃肠机能已经锻炼出对野外有毒有害的病菌、毒虫、毒物具有超强免疫的能力。因为食谱宽广，所以体内的汗腺会散发出难闻的臊味，口感并不会比家养猪更好。而且因为善于奔跑，肌肉被练得强健粗糙，不管怎么烹饪，吃起来也不可能找到细滑柔嫩的口感。野猪肉在野外生长，它吃进去的食物有可能混进了病菌害虫，这些病菌害虫通过猪肉传导进入食用了这些野猪肉的人的身体，对人身体健康的危害不可小觑。

野猪保留了猪的本源基因特征，在猪的新品种培育方面有快速稳定品系的作用，它真正的价值也在育种领域。和地方脂肪型猪种杂交或与瘦肉型猪种杂交，能快速形成适合南北地区不同气候水土条件的新品种，加上合理的饲料模式和饲养模式，也许能生产出口感不错、营养也不错的猪肉。但这些育种成果需要相当精密的专业知识和专业设计技巧，绝不是养猪农户和商人凭感觉想象就能有成就的工程。

4. 地方品种猪的肉香，记忆的情感宣泄

我国的地方品种猪有64个。20世纪80年代，国外的瘦肉型猪被引进后，如风卷残云，很快把各地的地方品种猪打进地狱，几十年不得翻身。地方品种猪以脂肪型猪种居多，适应性强，不容易生病。但是饲料利用率低，这种猪不仅长得慢还浪费饲料。以国家战略的高度来看，地方品种猪的经济价值肯定不如

瘦肉型猪种。但正是由于几十年前国家还穷，地方品种猪没有机会吃全价颗粒饲料，所以长得慢，因此风味氨基酸、核苷酸和其他风味物质沉积的时间长，脂肪累积多，猪肉吃起来自然就香，这种肉香给今天的中老年人留下了深刻的记忆。

当食品种类丰富，人们不再饥饿的时候，自然就会对猪肉的口感提出更多的要求。在畜牧专家还没来得及解决这个问题的时候，人们就迫不及待地盲目寻找替代产品。最直接的就是通过儿时的记忆追寻差点儿被遗忘的肉香。机灵的商人哪里能放过这么好的商机，他们想方设法迎合人们的口味赚足人们的钱。

地方品种猪如果真的能按照从前的喂养方法，吃熟食、吃米糠麸皮、吃野草野菜，慢悠悠地长，估计也能还原旧时的味道。可是，现实中地方品种猪的饲养者们可没有那个耐心，他们用的只是地方品种猪的品种噱头，饲料模式和饲养模式使用的还是现代化猪场的内容。不说是挂羊头卖狗肉，但至少可以断定，你高价格买到的猪肉并不是你儿时记忆中的那种猪肉。

5. 封闭饲养的现代化猪场，猪肉相对更安全

节约粮食资源，提高饲料转化效率应该是国家和社会需要长期坚持的理性追求，因为我们的粮食资源并没丰富到可以随便浪费，所以，继续保持现有的生猪产业模式有很重要的意义。但个别电视台的一些栏目大肆宣扬野猪、地方黑猪的传统生产故事，这种做法是值得商榷的，这些宣传容易误导生产者否定现代饲料科学的技术成就，误导消费者对现代化科学养猪成果的认识。电视台除了增加自己栏目的收视率，吸引观众的眼球外，看不到对我国生猪产业发展起到正向的引导作用。

从技术上讲，封闭饲养的规模化猪场管理更规范、疫情控制系统更严密，饲料模式更科学，生猪的营养源和成长环境都在完全的控制之中，生产出来的猪肉安全系数更高。消费者正确的选择应该是购买规模化猪场生产出来的猪肉。口感问题可以通过烹饪方法调适，畜牧专家也没闲着，多年来都在为科学解决猪肉口感问题寻找可行的方法和渠道，但这需要相当长的时间，绝不可能

一蹴而就。今天是风明天就是雨地投机取巧、一味追逐金钱的做法，只有那些狡猾的商人才干得出来。

温馨小贴士

有关猪肉与猪油的饮食建议

1. 炒肉用植物油，炒蔬菜用动物油，是烹饪中的绝佳搭配。

2. 不管黑猪、白猪，营养价值都一样，饲养时间长了口感也差不多。说野猪和黑猪的猪肉比白猪好，多是商业噱头，不可置信。

3. 猪油的熬制：选购猪板油，洗净切小块后置入锅中，小火慢慢熬制，待油渣变成金黄色以后关火冷却。将熬出的油用瓶或碗盛装，在冰箱冷藏室内保存。

4. 猪油用于调汤比用植物油好，味道更香，营养更好。

5. 不定时吃一些猪内脏和猪血食品，对调节饮食结构有很好的促进作用。特别是希望减肥的女性多吃这类食品既满足营养需要又避免过多的脂肪堆积。

四、对牛肉旺盛的需求，落后的基础孕育良好的产业机会

1. 高档牛肉需求旺盛，但更多的人只有流口水的份儿

生活好了，人们对食物的需求也高了。大部分人都知道牛肉的营养价值比猪、羊、鸡、鸭、鱼肉高。任何动物肌肉细胞里的基因都承载着本物种的特征信息，这些信息会通过肌肉传导在人体的肌肉细胞组合过程中留下印迹。

官方数据说我国每年都能生产牛肉500万吨，但实际情况远没有那么乐观，近几年能有350万吨左右的年产量数据更容易让人相信。

牛是力量型动物，青少年处于生长发育过程，多吃牛肉会使肌肉更健壮有力，运动员在临战前吃牛肉更有力量并不是假想，那些肉牛产业发达的国家，足球运动的成绩更好也不是空穴来风。

近些年，国人对牛肉的感觉也越来越好，很多年轻一代学着西方人的模样煎牛排、烤牛肉，虽然烹饪手法还有些生疏，不过意思也差不多了。

问题是，高档牛肉现已成为我国市场上的稀罕物，人们对高档牛肉的需求旺盛，但缺口很大。尤其当了解了高档牛肉的真实价格后，更多人只有流口水的份儿。

世界上最好的肉牛品种是日本人花上百年培育的国牛——和牛。这种牛的特点就是肌间脂肪沉积能力强，好的和牛肉几个主要部位的肌肉看起来红白相间，像雪花一样，所以俗称"雪花牛肉"。这种牛肉因为肌肉之间有脂肪存在，煎起来就特别易熟，吃起来有特别嫩滑的感觉。可惜，日本全国才有3万多头和牛，能出口的微乎其微。在日本本国市场，最好的和牛肉价格达到每千克人民币6000元左右的水平，而且数量有限，外人难得享其口福。在中国的高档酒店使用的所谓和牛肉，绝大部分来自于澳大利亚。澳大利亚的自然环境比

日本还好，很多农场主慕名从日本引进纯种和牛或纯种和牛胚胎加以繁殖，在饲料配方控制和饲养方法上可能不如日本人精细，虽差强人意，但也说得过去。就是这种和牛肉，在咱们国家的高档酒店里也卖到人民币四五百元一份，也就是一大口的量，要撑开了肚子吃，一个人一顿吃2000元钱的和牛肉也不是问题。

在美国最流行的是安格斯牛，这种牛发端于英国苏格兰的安格斯郡，引进到美国后经过上百年的培育，已形成优良品种。安格斯牛生长快、出肉率高，深合美国人的胃口。欧洲各国对肉牛的品种繁育都很下功夫，所培育出的肉牛生产性能优越、品质好，比如：西门塔尔、利木赞、夏洛莱、海福特等等都是不错的专用肉食牛品种。

近10年，国内部分地区也参考西方肉食牛的饲养方法养殖育肥牛。但是养殖技术落后，育肥效果差，育肥牛的数量占不到活牛总数的30%，品质不如国外的牛肉好。

2. 落后的产业基础，农户和企业很忙乱，但不得要领

我国的肉牛分黄牛、水牛两种。虽然都叫牛，可黄牛的祖先类似美洲野牛，水牛的祖先类似非洲野牛，它们的基因对数不同，互相之间不能杂交。青藏高原的牦牛跟黄牛属于同一个种，也是高寒地区人民重要的肉食来源。

由于农业机械化的快速发展，耕牛数量比20年前减少了30%~50%，全国各地的肉牛屠宰场不赚钱主要是没有足够的活牛来源。别说来自国外的高档牛肉，咱们国内的土牛肉都出现肉源断档、牛肉脱销的严峻局面。普通民众想买点牛肉却难以承受高昂的价格，以国内大部分民众的收入水平，要放开了吃牛肉还真不现实。

我国肉牛养殖产业基础薄弱，主要表现在几个方面：

（1）大部分是役用牛品种，善于耕作，不善于长肉，肌肉纤维粗糙。

（2）饲养技术还停留在自然放养的状态，牛犊的早期营养跟不上，成年时体型没长开，影响育肥效果。

农业机械化使耕牛数量减少

（3）育肥技术不成熟，没有更有效的育肥饲料，简单的能量堆积不利于牛肉的品质提高。

（4）屠宰技术落后。以前杀老牛不讲究，能把肉切割下来就行。实际上不同部位的牛肉，品质差异很大，需要精妙的屠宰、排酸、分割技术。

在市场需求召唤下，有不少投资人开始涉足现代化肉牛养殖，可是大部分是盲目投资，不得要领，投资效益很难显现。主要表现为：

（1）盲目投资，不注重肉牛的产业特性，生产不出高档牛肉。

牛肉的品质好坏和品种的关系极大。传统的耕牛品种基因信息里就没有很好沉积营养物质的特性，因此希望从它们身上获得高品质的牛肉不现实。但是，一些投资人在建设肉牛场的时候，只注意了资金规模、场地规模，没有注重品种的选择。

市场上最受欢迎的是和牛肉，其次是安格斯牛肉，再其次是纯种的西门塔尔、夏洛莱、利木赞、海福特品种。国内虽然找不到这些纯种品种，但至少需要这些品种的杂交后代。单纯的地方役用品种料肉比高，经济效益低。

（2）急功近利生产高档牛肉，结果会适得其反

一些企业听说日本的和牛好，就希望通过胚胎移植或杂交的方式一蹴而就地生产出高档牛肉，在未对饲养环境、饲料资源、母牛受体资源、饲养管理水

平等客观资源进行科学评估的情况下盲目投资，结果并不能生产出达到和牛肉各级别标准的高级牛肉，投资回报率低。

高档牛肉生产是一个系统工程，需要按照科学的育种和繁殖技巧进行品种选择，不能盲目模仿别人的生产方式，更不能道听途说，做一些没有科学依据的事情。比如说，给牛按摩听音乐，这种人性化的措施适合于任何一种动物饲养或植物栽培，并不单指牛。它能起到的效果不会有炒作的那么神奇，仅仅可以理解为人对环境的心理回馈反应而已。

3. 好的产业模式才能让人民吃上好牛肉

什么是好的产业模式？

南北西东各地的自然环境不同，饲草饲料资源分布特点不同，母牛受体品种不同，这些都是决定高档牛肉产业发展的重要因素。因地制宜选择合适的高档牛肉品种、合适的饲料模式和饲养模式、先进的屠宰方法都非常重要。

 温馨小贴士

牛肉、牛油、牛血的妙用

1. 老牛肉适合炖、酱、卤，育肥牛的牛肉采用煎和烤是不错的选择。

2. 处于生长发育时期的儿童多吃牛肉很有必要，成年后可能身体会更加健壮。

3. 运动员或健美人士多吃牛肉在比赛或训练中更有力量。

4. 老年人吃牛肉嚼不动，可以将肉打成肉糜做成丸子，蒸或者做汤。

5. 牛油的妙用：煎牛排时用牛油比用猪油香味更浓郁；涮火锅时汤里加牛油味道更香。

6. 牛血是一种很好的食品。虽然口感比鸡血、鸭血粗糙，但是营养一点也不逊色。用于红烧或涮火锅都是很好的食材。

五、肉羊产业的转型成功才会有羊肉的安全

1. 涮不起的羊肉火锅

10年前，1斤羊肉的市场价格才4元多，羊肉常被商贩用来冒充猪肉，吃顿涮羊肉是一件稀松平常的事情。现在，1斤羊肉价格在30元左右，价格翻了六七倍，吃涮羊肉变成了奢侈消费，羊肉慢慢变成了贵族食品。造成这个问题出现的主要原因是北方牧区实施的退牧还草政策，羊的饲养数量被强制减少，而市场需求却一直在扩大，产销两方面产生拉力所致。这种困难局面短时间内还无法改观，消费者还需要承受相当长时间的高价格羊肉。

2. 烟熏火燎的烤羊肉串，满街飘荡的假冒伪劣

曾几何时，1串烤羊肉只有5毛或者1元的价格，不仅消费者得实惠摊贩也有得赚。现在价格涨到2元一串，如果是真的羊肉，摊贩是赚不到钱的，重压之下，部分商贩就只有铤而走险，用其他肉类冒充羊肉已成为无法避免的现实。好在大部分爱好吃烤羊肉串的消费者喜欢的是那份街边风情和惬意，只要不是腐败变质的肉，内容被换也能将就凑合。

3. 推动农区养羊，才能让羊肉的香味持续

在牧区饲养肉羊规模无法逆转的大背景下，希望用非常措施提高羊肉产量那是不现实的。农区秸秆资源丰富，山羊又是一个适应能力超强的物种，大力发展农区的肉羊产业是解决羊肉供应不足的重要手段。

跟猪、鸡、鸭等动物相比，规模化羊场更容易做好疫病预防控制，饲料要求低，饲养管理粗放，投资风险低。还能很好地利用水稻、玉米、豆类作物的

秸秆，避免郊区农村每年秋季焚烧秸秆给交通安全和环境污染带来的危害。羊肉产量上去了，假冒伪劣才会被杜绝，羊肉安全才可能有真正的保证。

 温馨小贴士

食用羊肉常识

1. 绵羊肉比山羊肉更细嫩，但营养成分没什么区别。

2. 锡林郭勒、呼伦贝尔、青藏高原、新疆等牧区的羊肉比农区羊肉更安全，但是价格要高出20%左右。

3. 羊肉的膻味是物种本源特征，没有膻味的羊肉更有可能是假货。

4. 羊肉易熟，不适合过度烹饪，不必要放过多的调味料。白水煮羊肉，吃时只放盐，安全又美味。

5. 羊尾油是牧民爱吃的食品。其实羊尾油的脂肪很鲜，熬制成油用于炒蔬菜跟鸡油的效果类似，很鲜美还有营养。

6. 牧区的牧民很喜欢牛羊血灌制的血肠，味道和营养都很好，值得在城市居民中推广。

六、柴鸡蛋、土鸡蛋，只是让你多花钱

1. 市场上的柴鸡蛋、土鸡蛋大部分是在忽悠

跟猪肉的情形类似，鸡产蛋率高不是因为吃了激素或者其他什么不好的饲料，仅仅因为饲养是优良品种。别看我国蛋鸡的存量惊人，但良种蛋鸡每年都是从美国、德国等原产地进口，数量在3000多万羽，要耗费大量的外汇资源。

市场上洋鸡蛋的口感差主要还是鸡蛋的营养成分转化率太快，氨基酸等风味物质沉积时间短造成的，虽然洋鸡和土鸡吃的饲料一样，且1天1个鸡蛋和几天1个鸡蛋的营养成分差不多，但经济价值可是完全不同。

现在充斥市场的所谓土鸡蛋、柴鸡蛋其实不少都是在忽悠，真正的土鸡、柴鸡是放养，数量稀少，产蛋率低，远远不能满足市场的需要。于是无孔不入的商贩们就用白羽蛋鸡所产的鸡蛋个头小的特点，冒充土鸡蛋、柴鸡蛋填充市场空白，在成本不变的情况下，提高的那部分价格就变成了自己的利润。

为了满足挑剔的舌尖，人们按照儿时的记忆寻找土鸡蛋、柴鸡蛋，以为它们外观看起来像就一定更有营养。实际情况是，传统和现代工艺饲养方式所生产的鸡蛋，营养都一样，没什么太大的差异。

2. 鸡蛋的品质差异，在功能食品领域

那么是不是说鸡蛋的品质就没有差异呢？当然不是。在所有的生鲜食品中，鸡蛋和牛奶是营养物质转化速度最快的两种。鸡蛋的营养可以满足一个新生命的诞生，说明其营养物质是最平衡的。生物工程大部分都是用鸡蛋、牛肉汤、血清做培养基，其中疫苗类产品的生产更多的是用鸡蛋做培养基。

鸡蛋品质的差异更多地体现在功能食品领域。包括奶牛在内，所有动物都

不如蛋鸡对基本营养源以外的营养物质吸收转化得更容易。蛋鸡饲料经过有益微生物的二次转化，就可以改变鸡蛋内容物各种成分含量的变化，比如胆固醇降低、卵磷脂提高等等。

在有益微生物对蛋鸡饲料二次转化的平台基础上，将一些对人体疾病有治疗作用的药物原材料加入饲料内，经过蛋鸡的机体转化，有可能将药物成分转化到鸡蛋中，病人食用这种鸡蛋就可能达到稳定、缓解病情的目的。这可能是未来食品产业发展的一个方向。

功能食品比单纯吃药物副作用少、更安全是无可争议的，只是功能食品的生产对环境、技术要求更高。只有经过生物转化，将具有保健或治疗作用的药物类物质转化到生鲜食品的内容物中才能叫真正意义上的功能食品。

 温馨小贴士

选购鸡蛋窍门

1. 分辨鸡蛋品质的好坏不是看标签。土鸡蛋、柴鸡蛋、洋鸡蛋，营养成分上没有区别。

2. 刚开产的鸡蛋品质可能更好一些。原因是刚开产的鸡蛋要几天才能产一个，营养物质转换慢，蛋鸡身体健康又处于巅峰状态，对有害物质的过滤更完全。

3. 蛋壳上有血斑，个头小可能是刚开产的蛋，个头大可能是病鸡下的蛋。

4. 蛋壳厚、结实或者蛋壳有色斑，可能是老母鸡下的蛋。

5. 好的鸡蛋蛋壳颜色鲜亮，密度均匀少斑点；蛋小不一定是刚开产的，有可能是专门蛋鸡品种下的蛋；摇晃鸡蛋无晃动感说明蛋比较新鲜。

七、柴鸡、土鸡、洋鸡，哪个更安全？

1. 你吃到的鸡肉不全是真正的肉鸡

2012年全国屠宰肉鸡65亿羽左右，其中有15亿羽左右的数量是蛋鸡淘汰鸡。白羽肉鸡的生长周期是45天，而蛋鸡淘汰鸡的生长周期大多在540天左右，因为生产时间长，蛋鸡体内风味物质沉积更久，但肉质可能粗糙些，不像白羽肉鸡那么细嫩，容易烹饪。如果用来炖鸡汤，蛋鸡淘汰鸡的味道可能更鲜一些。不过，没有量化的证据证明，蛋鸡淘汰鸡和白羽肉鸡谁的营养价值更高。

2. 野外放养的肉鸡不见得就安全

室内密集饲养的肉鸡可能有饲料重金属潜伏、大剂量使用药物带来的安全隐患。那么，野外放养的土鸡、柴鸡就一定安全吗？答案是不一定。放养的鸡能得到锻炼，肌肉可能更结实，口感可能会好一些，但肌肉的营养物质含量不会和圈养鸡有太大的差别。

野外放养的鸡如果是在原始的野外场地如大草原或野外森林，会啄食杂草、各种虫子，这其中也包括一些毒草、毒虫。鸡和虫在大自然生物链中是上下级的关系，鸡体有对毒虫的天然免疫力，蜈蚣的毒让人恐惧，被它咬一口会疼得要命，但对鸡来说那就是一道美味。长期食用野外放养的肉鸡，虽然没有重金属、抗生素残留的威胁，不过那些野外不可知的有毒有害物质经过鸡体传导进入人的体内，一旦致病更难被诊断和得到有效治疗。这一点，古代中医有很多的著作都能明确说明。

不过，农家散养的肉鸡大部分并不存在这种问题，它们多是吃粮食、杂草、昆虫等食物。因为有足够的运动，病死率低，肉质相对安全。只是大部分规模化养殖农户使用的仍然是工业饲料喂养，难免有抗生素药物残留和重金属残留。

3. 改变养鸡模式，鸡肉的好味儿在未来

肉鸡食品的安全与否，与品种没关系，与饲料模式、饲养模式有关系。如何使肉鸡的口感好且没有安全隐患，饲养模式的选择很关键。

现有的规模肉鸡场大都采用美国式饲养方法，高密集、高营养、高药物、高转化率是主要特征。这种饲养模式的优点是节约饲料资源、快速提高产量；缺点是鸡肉口感差，有重金属潜伏、抗生素残留，安全系数差。

更加理想的肉鸡饲养模式是，将白羽鸡进行开放式平地饲养，鸡场周边留置足够大的运动场地，每天给鸡足够的运动时间，并且降低饲养密度，降低饲料营养水平，这样药物的使用量就会大大降低。如果饲养时间从45天提高到70~90天左右，虽然鸡的饲养成本增加了，但口感和安全系数可以得到大大提高。

长远地看，白羽肉鸡的生长性能突出，土鸡、柴鸡的环境适应能力强，在育种方面可以考虑通过土洋杂交选育，培育新的肉鸡品种，改进饲养模式，才能解决目前面临的鸡肉口感和安全问题。

 温馨小贴士

鸡肉的选择与食用

1. 散养的肉鸡和圈养的肉鸡比，营养成分没什么区别。但是，散养的鸡活动空间大，呼吸的空气质量好，病就少一些，饲料里用的药就少一些，鸡肉相对来说更安全。

2. 蛋鸡淘汰鸡因为生长时间长，氨基酸等风味物质沉积更丰富，肉质虽不如速长鸡嫩，但用于熬汤是不错的选择。

3. 现在都时兴规模化养鸡，肉鸡屠宰场也是规模化屠宰，每天要产生大量的鸡血，鸡血是很好的食材。不管是吃火锅还是红烧，营养价值和口感不比猪血、鸭血差。还原鸡血的市场认知度才是长远之策。

八、鸭子的悲喜鸭生

1. 北京鸭的辉煌历史

北京人最自豪的菜品可能就是烤鸭了，那肥而不腻的脆嫩爽滑征服了全世界人民的味蕾。让北京烤鸭风靡全世界的不单是烘烤师傅们的精湛技艺，还跟烤鸭的食材有很大的关系。北京鸭是中国人很骄傲的地方品种，有上千年的历史。发端于潮白河一代，繁荣于粮食漕运时期，水运粮食掉下的粮食颗粒养肥了北京鸭也让它声名远扬，优良的基因还被欧美各国引进培育当地的优质鸭品种。

2. 粗暴的填鸭过程

北京烤鸭这道菜谱大概有300多年的历史了，烤制工艺要求鸭子肥硕，这就引出了北京鸭成长的辛酸史。为了让鸭子出栏时更肥，达到北京烤鸭的工艺

北京鸭成长的辛酸史

要求，传统上养鸭农户将鸭子饲养到3个多月时，差不多鸭子身体的骨架子搭好后，就开始人工强制育肥。方法比较粗暴：养鸭人抓住鸭子的脖颈，将一个圆筒卡在鸭嘴上，然后用筷子或木棍将很多的生熟玉米粒硬生生地捅进鸭子的食道里，由不得鸭子们不吃，这种强制的方法简单原始，不过很有效。经过十几天的填灌，鸭子体内的能量蓄积成脂肪，鸭子长得肥硕，才能制成美味的烤鸭。看来很多美丽的故事背后都有一段辛酸的历史。

3. 速生鸭使北京烤鸭更人道更有风情

20世纪80年代，基因来源于北京鸭的英国樱桃谷鸭被引进中国，至此北京鸭的辛酸史才告一段落。樱桃谷鸭是速长旱鸭，生长期45天左右。用工业饲料饲喂，在育肥期不需要人工填灌，只需在工业饲料里加大能量饲料的比例就可以达到育肥的目的。旱鸭和水鸭比起来，更方便大规模饲养，没有水面的限制。所以现在吃北京烤鸭就不用有负罪感了。

4. 盐水鸭、板鸭、酱鸭，各种风味鸭是振兴鸭产业的生力军

除了北京烤鸭以外，南方的盐水鸭、板鸭、酱鸭、烧鸭、卤鸭等也都历史悠久，风味独特。一方水土养一方人，在名菜兴起的地方一定有著名的地方鸭优良品种。南京人是全国最能吃鸭的人群，也是最会吃鸭的人群，盐水鸭成了南京人最自豪的味道名片，吸引全世界的俊男美女扑向秦淮河畔，追逐体验那里的婉约风情。围绕南京城，周边地区的鸭产业生机勃勃、方兴未艾。

板鸭作为一种风味食品，经过几百年的锤炼，在江苏、江西、福建、四川等地精炼成著名品牌，成为中餐菜谱上一道亮丽的风景线，同时带动这些地区的鸭产业风生水起。

5. 鸭肉，夏季的尤物，安全与否事在人为

鸭肉，中医把它定性为微寒性食物，说鸭子吃的食物多为水生物，故其

肉性微寒、味甘。凡体内有热的人适宜食鸭肉；体质虚弱、食欲不振、发热、大便干燥和水肿的人，食之更为有益。这就是说，夏天天热，猪肉、牛羊肉吃多了容易上火，要少吃。但夏天易出汗，汗出多了身体虚，要补身体就多吃鸭肉。

夏季高温多湿，是病菌猖獗的季节。食物很容易被病菌侵袭，所以需要有比秋冬季节更严谨细致的安全防范措施。鸭肉好吃，在制作运输储存过程中要严控环境卫生和食用卫生的细节。人的行为是鸭肉产品安全的关键因素。

 温馨小贴士

食用鸭子的方法

1. 鸭肉是微寒性食物，一般夏天吃比较好。
2. 病死鸭子容易被奸商小贩混在熟食里，购买时需要小心。
3. 鸭子可以做出几十种著名的菜肴。其中啤酒鸭、魔芋鸭、清蒸鸭、酸萝卜老鸭汤都是家庭厨房容易烹饪的菜品。
4. 鸭血是广大民众很喜欢的美味，如果将鸭血做成血肠，运输储藏方便，市民会更欢迎。
5. 鸭内脏和鸡内脏一样，是美味的食材。特别是鸭肠，在南方被认为是高档的火锅食材之一。其实鸭子的其他内脏也是非常好的食品，值得消费者尝试。

九、鹅，被遗忘和冷落的产业

1. 鹅肝，一种罪孽的产物

世界上最牛的脂肪肝是什么？有个商业名词叫"鹅肝"。咱们中国民众幸好没有吃鹅肝和鹅肝酱的习惯，如果你知道鹅肝是怎么来的，会恶心到吐。怪不得西方国家的政府也挺不住了，有的国家开始禁止销售鹅肝和鹅肝酱。

被用来生产鹅肝的专用品种，是法国的"朗德鹅"。这种鹅被填肥后体重可达10公斤左右，一副大的鹅肝重达750多克。其生产过程跟以前的北京填鸭类似，都是在鹅的体格长成以后人工强制填灌煮熟的玉米粒。只是鸭子是人用筷子捅食，而鹅是用机器灌食，嘴上被插上一个漏斗，电动机一开，玉米粒和着水呼呼地往喉咙里挤压，常有体弱的鹅被憋死、撑死，过程非常残暴。

可怜的鹅们被暴力强灌高能量的玉米粒后，脂肪在体内大量堆积，肝就变成了经典的脂肪肝，变态地肥大。鹅肝吃起来鲜美可口，但是里面所含的脂肪和胆固醇很高。

2. 中医的一句话，让鹅备受冷落

曾经有老中医在看病过程中，发现鹅肉对某个病人的某种疾病有诱发作用，于是冲口而出一个影响几百上千年的结论："鹅肉是发物，吃了以后容易将体内的疾病诱发出来。"后来的中医们看到祖先的权威言论，也难得去验证追究，就以讹传讹地代代相传。一直以来都给广大人民群众一个错误的影响，致使鹅肉备受冷落。

对于某些食物被民间定义为"发物"，多数没有理论依据做基础。比如常见的牛羊肉、鸡蛋、鸡肉都在发物名列之内，只要身体健康，各种代谢能力正常，这些食物不但不会对身体造成影响，还能提供非常丰富的营养。备受广东人喜爱的烧鹅，味道鲜美不说，营养也极为丰富。当然如果有人正值某种疾病的发病期，而医生建议不要食用某种食物，还是应当谨慎小心。

3. 鹅肉的营养不是吹出来的

鹅是一种食草家禽。大家都知道食草家畜的牛肉营养价值高，岂不知作为食草家禽的鹅的营养价值一点儿也不逊色。

鹅肉含有人体生长发育所必需的各种氨基酸，其组成接近人体所需氨基酸的比例，从生物学价值上来看，鹅肉是全价优质蛋白质。据测定，鹅肉蛋白质含量比鸭肉、鸡肉、猪肉都高。

据现代药理研究证明，鹅血中含有较高浓度的免疫球蛋白，对艾氏腹水癌的抑制率达到40%以上，可增强机体的免疫功能，使白细胞增多，促进淋巴细胞的吞噬功能。

鹅血中还含有一种抗癌因子，能增强人体体液免疫而产生抗体。由于免疫功能和肿瘤的发病率有密切关系，大多数患有恶性肿瘤的病人，其机体的免疫功能显著下降。在鹅血中所含的免疫球蛋白、抗癌因子等活性物质，能强化人体的免疫系统，达到预防癌症的目的。

4. 鹅肉，比你想象的更安全

鹅是最能利用青绿饲料的肉用家禽。无论是以舍饲、圈养或放牧中哪一种方式饲养，其生产成本费用都比较低。特别是我国南方地区，气候温和，雨量充足，青绿饲料可全年供应，为放牧养鹅提供了良好条件，这种饲养模式决定了鹅的精饲料用量少，主要在育肥阶段使用多一些，总体来说不像鸡鸭全舍饲、全精料的模式那样浪费粮食。

因为放牧，鹅的生长环境主要在野外，空气、水的质量都比室内优越，所以鹅不易生病，也很少用兽药。育肥的时候精饲料里一般也不会添加太多的饲料添加剂和药物。中国的地方鹅一般是水鹅，不用来生产鹅肝，所以饲养出来的鹅肉比较安全。

食用鹅产品的小知识

1. 鹅是食草家禽，适合多水环境饲养。和工业饲料饲养的鸡、鸭比起来，鹅肉确实能给人们带来更好的营养。

2. 用于生产鹅肝的朗德鹅，脂肪沉积太厚，不好烹调，适合熬制成动物油，是炒蔬菜的高品质烹调油，用于火锅调味油，别有一番滋味。

3. 白条鹅瘦肉多，适合炖、卤，广东一带的黑棕鹅个大体肥，是做烧鹅的好食材。

4. 鹅血没有鸭血那么细嫩，但是口感和营养不比鸭血差。有文献说鹅血对治疗胃癌和食道癌有一定的辅助作用，值得珍惜。鹅血做成血肠更容易运输储存，特别的营养价值会赢得民众的欢迎。

十、水产品，劲头要盖过畜禽的新秀产业

1. 若没有网箱养殖，鱼还是贵族食品

回到20年前的记忆，相信大部分人都记得鱼的价格比猪牛羊、鸡鸭鹅的肉都贵，北方水资源缺乏，鱼更是一种稀罕产品。可是不知道从什么时候开始，慢慢发现鱼的价格越来越便宜，在畜禽肉价格不断上涨的今天，唯有鱼的价格相对平稳，在猪牛羊肉都吃不起的时候，还可以买鱼回家解馋。2011年，我国水产品产量达到5600多万吨，比猪肉的产量还大，其中淡水鱼还是唱主角，占总产量的三分之二还多。

鱼从贵族食品跌落凡尘，成为大众食品，起到功勋作用的就是网箱养殖。网箱养鱼的密度是池塘常规饲养密度的几倍甚至十几倍，一个网箱就相当于一个池塘，一下子就把鱼的产量增加上来，给广大民众造福不浅。

2. 海水养殖的异军突起，让水产品更风光

以前水产品养殖主要是淡水养殖，海产品主要靠沿海的渔民踏风破浪、冒着生命危险跟大海较劲儿，还要应对被临国抓捕的危险，才能从海洋的野生动物们嘴里夺得一些海味美食。

当海水养殖变成可能的时候，渔民们的生命安全系数提高很多。从远古就开始流传下来的一个个渔民悲惨命运的故事在现代科技的帮助下逐步得到好转。

鱼虾、贝类、海参、鲍鱼是海水养殖的主力军，从前的稀罕物也能登上普通百姓的家庭餐桌，不但丰富了人民的生活，更是大大提升了水产品在餐饮行业和家庭厨房的地位，提高了人民群众的生活品质。

3. 鱼药残留，不得不留意的安全问题

池塘养鱼、网箱养鱼逐步走向密集饲养的模式，饲养大都用工业颗粒饲料直接喂鱼，效率更高。可惜的是，随着城市污染和大气污染、农田污染越来越严重，江河水库池塘的水质下降很快，给水产品养殖带来很大的疾病隐患，迫使养殖企业和渔户不得不大量使用鱼药来预防和治疗水产品的疾病，使鱼健康生长。鱼药跟兽药一样，大都含有抗生素类和其他对人体健康有害的化学物质。

淡水养殖首先是养水，水的质量决定鱼药的用量，所以在未来的产业发展中，需要更多地开发生物技术产品，使水更洁净，用生物鱼药替代化学鱼药，提升水环境的质量，让水产品产业发展更健康，民众吃鱼的时候就会少一些担忧和顾虑。

 温馨小贴士

购买及食用水产品小知识

1. 购买活鱼时，要注意鱼体表面的清洁度和完整度。病鱼的鱼鳞容易脱落，体表颜色发黄发暗。

2. 虾皮几乎是所有动物产品中含钙量最高的，也是最好的补钙产品。如果牙好，吃虾时最好不要将虾皮剥下扔掉，能嚼烂吃下对身体健康好处很大。

3. 不要轻信吃鱼一定比吃猪、鸡、鸭、牛、羊肉聪明的言论。沿海渔民天天吃鱼，不见得他们就一定比内陆民众聪明。膳食多元化，更容易吸收全面的天然营养，才能变得更聪明。

十一、奶业，飘摇中艰难前行

1. 奶牛，一种温驯的动物，东方西方的都一样

现在的社会，人们一说到吃就怨言满天飞。说到食品安全，牛奶最容易成为人们口诛笔伐的靶子。尽管社会流传的很多言论都不代表事实真相，但三聚氰胺事件的发酵搞得消费者人心惶惶、老百姓分不清真伪，关于牛奶稀奇古怪的言论甚嚣尘上。

奶牛要持续产奶就必须要让它怀孕生子，1头奶牛每年的产奶期是305天，60天的干乳期就是为繁殖做准备。产奶的奶牛都是母奶牛，很多人不知道奶牛还有公的。一个事实真相是，所有动物都一样，奶牛的后代公的比母的多，中国尽管有号称1400多万头的奶牛，但公奶牛是没有资格做种的。

奶牛的配种用的都是人工授精，全国有政府直属管辖的种公牛站38个，任务就是从美国、加拿大、澳洲、欧洲等地引进高产奶牛的种公牛，生产出精液给国内的母奶牛配种。所以，中国奶牛的父亲、爷爷、爷爷的爷爷要查族谱血缘，国籍都不是中国。说中国奶牛差、外国奶牛好是不确切的，它们其实都是

中国奶牛与外国奶牛的亲缘关系

亲戚，血管里流的都是相似基因特征的血液。

东西方奶牛在本质上没有什么区别，无非是西方国家更重视育种，奶牛的产奶量更高一些。而且，中国奶牛的饲料原料、饲料配方、饲养方法全都是照搬西方的模式。所以说，中西方的奶牛，除了整天面对的主人皮肤不同，语言不同，其他啥都一样。

2. 三聚氰胺的错乱情节

三聚氰胺本是一个阶段性的局部事件。起因应该归结为河北省石家庄的奶牛数量不足，而三鹿奶粉公司又把市场做得过大。当奶源不足，厂家又要保持质量等级的时候，个别无知愚蠢的奶贩子就开始要小聪明。这些人可能并不知道三聚氰胺这种化学物质对婴儿身体的危害，眼里只看到眼前的蝇头小利，结果闹出损人不利己的悲剧。

实事求是地说，不管是三聚氰胺事件还是瘦肉精事件，河北三鹿奶粉公司和河南双汇集团公司多少有被冤枉的成分，事件的根源是产业体制不全，在没有发生三聚氰胺和瘦肉精事件之前，这两种成分并不在国家规定的检测范围之内。正是出现了这些事件，国家才开始整顿市场，规定这些项目的强制检测。

那些往牛奶里添加三聚氰胺的奶贩子和往饲料里添加瘦肉精的农民，跟企业之间并不是员工隶属关系而是纯粹的买卖关系。那个奶贩子收购的牛奶添加了三聚氰胺后，理论上他可以卖给任何一家牛奶公司，假如他卖给的不是河北三鹿奶粉公司而是其他乳业公司，那么倒霉的企业就从三鹿挪到了其他企业。事实上其他牛奶公司也多少出现三聚氰胺的事件正好可以诠释这种事故的随机性。瘦肉精事件的情形也差不多，如果那些往饲料里加了瘦肉精的农民没有把猪卖给双汇食品公司而是卖给了其他屠宰企业，那么倒霉的企业就会变换对象。

经过三聚氰胺事件后，政府对整个行业进行了严厉的整顿。现在的国内牛奶产品实际上比从前任何时候都安全，但由于广大民众不能及时了解事件真相，让发酵的混乱言论左右了脆弱的安全防线神经，才导致被洋奶粉公司欺骗，多花出去很多不必要的金钱。

3.　国内的牛奶和奶粉，安全问题没你想的那么严重

中国的奶牛挤奶机、牛奶加工生产线绝大部分从国外进口，全世界用的设备都是那几家公司的产品，因此不能证明国外的工艺就比国内的先进。牛奶的品质不分国别只分个体，年轻奶牛产的奶肯定比年老奶牛产的奶品质好，健康奶牛产的奶肯定比病奶牛产的奶品质好。不过，牛奶公司在加工过程中都有一个均质工艺，就是把收购的牛奶进行均匀搅拌，使出厂的牛奶产品质量均衡稳定。

由于大部分人推崇国外的进口奶制品，致使国外大量奶制品涌进中国，导致国外的牛奶公司奶源紧张。在奶制品供不应求的情况下，国外的牛奶公司很可能以次充好，将一些质量低劣的产品混进好产品中出口到中国。如果真是这样，国内的奶产品可能比国外的更安全。

4.　被洋奶粉忽悠，消费者也要承担责任

既然牛奶的奶源和生产工艺国内外的牛奶公司都一样，那么不同的就是国内外牛奶公司的行为了。事实上，这些年中国的牛奶公司受到社会、政府、市场的批评和挤压，小日子过得战战兢兢，不敢再有过失，所以品质相对稳定。反而是那些国外的牛奶公司，充分利用中国同行受到排挤的机会，趁机疯狂倾销自己的产品，获取暴利。由于他们的产品大量倾销中国，超量地生产更容易出现安全问题。

崇洋媚外的国民心态是几百年流传下来的积弊，是缺乏民族自尊心和自信心的表现。中国制造的服装和其他很多产品都在国外市场做得风生水起，中国的制造实力已经不像以前那样受人鄙视。而今跟不上中国经济实力和技术实力发展步伐的恰好是部分国民的自尊心和自信心。

中国的牛奶和奶粉，本质上和国外的没有区别，被洋奶粉忽悠的消费者自己要承担一些责任。学会分辨、独立思考、不轻信不盲从，从表面现象探究问题的本质会让你少花很多冤枉钱。

5. 牛奶公司的经营理念错位，造成牛奶制品的安全问题

经常去超市买牛奶的消费者会发现，牛奶货架上的产品琳琅满目、数不胜数。如果仔细观察，发现绝大多数产品都往牛奶里添加了各种稀奇古怪的所谓营养物质，然后再取个好听的名字就卖很高的价钱。正是牛奶公司的这种错位思维，使得牛奶制品逐渐变得失去它原有的品质。

牛奶和其他生鲜食品相比最容易受到污染。从奶牛场拉回来的牛奶本来挺好的，按照正常的均质和消毒工艺后包装上市，消费者就可以吃到安全且营养充足的牛奶。可是，牛奶公司为了获取高额利润，偏要往里面添加外来物质。不管是水果、蔬菜还是什么乳酸钙、DHA，这些添加物本身不是牛奶公司生产的，那些提供这些添加物的供应商就能保证自己在生产过程中绝对安全吗？牛奶公司能亲自派人员现场监控吗？这些添加物能代替牛奶本身的营养吗？

人们喝奶要的是牛奶的营养，水果的营养可以直接吃水果，蔬菜的营养可以直接吃蔬菜。牛奶本身含有高剂量的乳酸钙，还要往里面加钙不是画蛇添足吗？而且那些外来的钙源能说清楚来源吗？那些所谓的益智物质本身是附着在某种载体上的，牛奶公司对这些产品的来源能做到亲自掌控吗？

牛奶加工原本是一个封闭性很强的自动化工艺，如果在生产过程中打开一个窗口往里面添加外来物质，就会与空气接触很容易造成牛奶的二次污染，从技术上讲这完全是一个得不偿失的过程，消费者花了更多的钱并没有得到更合理的牛奶营养和安全保障。

6. 还原奶，恶劣的商业行为

比往鲜牛奶里添加外来物质更恶劣的是还原奶行为。中国人多，喝牛奶的人也多，但奶牛数量增长不够快，因此奶源缺乏也很正常。大型的牛奶公司本来就没几家，更有些无良商家忘了企业的社会责任。

所谓还原奶，就是将进口的奶粉买进来，兑水后还原成鲜牛奶，然后再往市场上卖。人家国外的牛奶公司按照标准生产的奶粉本来很安全、很营养，然而国内厂家把奶粉买回来打开封口往搅拌机里倒，这个过程多少都会受到二次

污染，还原奶的成本完全是凭空制造出来的，这实在是一个愚蠢透顶的纯商业行为。

要想追逐利润，你可以把奶粉买回来直接加价进入市场，让消费者自己去还原，这至少可以保证食用安全。但经过你这么一折腾，再往里面添加一些外来营养物质，完全降低了产品的安全性。这些年国内的牛奶公司受到政府治理和舆论的批评也不能说有多委屈，究其自身多少都犯过不该有的过错。

高价格还原奶的制作流程

7. 酸奶能天天喝吗？

最近，很多年轻妈妈被牛奶市场的歪风吓怕了，认为纯牛奶不安全了，酸奶一定安全，天天给婴幼儿盲目喝酸奶，这是一件值得注意的事情。酸奶的发酵菌通常使用嗜热链球菌或者保加利亚乳杆菌，是pH较低的酸性有益菌。

人的胃肠道有大量的细菌帮助食物分解消化，在封闭环境里有一个平衡的微生物区系。其中的有益菌有酸性的也有中性的、碱性的，整体环境的pH偏于中性。处于发育时期的婴幼儿，如果长年累月天天喝酸奶，容易使酸性有益菌在胃肠道内累积，使其他类型的有益菌不能得到正常繁衍，不容易建立有效的有益微生物平衡区系。时间长了反而会降低胃肠道的消化功能和自我调节能

酸奶不适合给婴幼儿天天喝

力，影响身体免疫系统的机能。

　　酸奶这样的产品更适合消化机能衰退的老年人和胃肠道不好的成年病人食用，但也不可以长年累月地天天喝，正常人可以间断着喝，享受那种酸酸的好口味。

8. 奶粉之重，已触及国家安全的底线

　　牛奶的原奶经过干法、湿法两种工艺生产出的本来只有一种奶粉。可是现在市场上卖的奶粉品种之多，特别是婴幼儿奶粉，种类分得之细，达到了极致的地步。这一切都是模仿国外的产业模式，是过度的商业化运作，其危害程度已经触及国家安全的底线，相当让人担忧。

　　原奶不经过任何添加或脱脂，生产出来的全脂奶粉应该是包含了原奶所有的营养成分。之所以变成各种人群专用的奶粉，是往奶粉里添加了不同的外来物质所致。这个原理和过程跟往新鲜牛奶里加各种外来物质差不多，表面上看起来是营养更丰富了，可是那些添加物并非由牛奶公司自己生产。在行业潜规则面前，大家选择集体失语，不愿意去探究那生产背后的安全隐患。

　　最让人担忧的是6月龄以下的1段奶粉，它的存在不管是西方国家的商人发

明还是企业的创新，都是利益熏心的表现，已经殃及所在国家的民族兴旺和国家安全。问题之所以这么严重，是因为它的出现，干预了母乳喂养，直接影响婴幼儿体质营养基础的建设。

人一生的健康与3岁以前打下的营养基础关系密切。每个物种的母乳所包含的营养绝不仅仅是营养成分的含量那么简单，更重要的是物种营养信息的传递和表达。牛奶就是牛奶，所表达的是牛这个物种的营养信息和基因信息，怎么搭配也不可能完成和人种母乳营养信息和基因信息的对接，它的作用永远也只能是人乳不足时的补充，绝不可以取代人乳。放纵牛奶对婴儿早期人奶基础的侵袭，等于承认一代人或几代人的健康基础遭到破坏。当那些在母乳时期营养基础不牢的儿童长大成年后，体质健康的基础薄弱，很容易被各种疾病侵害，无论怎么锻炼也无法弥补基础营养的缺损。

母亲的责任重于泰山，母乳的营养托起的不只是婴儿的健康，更是国家和民族兴盛的脊梁！

国家应该强制干预奶粉企业停止6月龄以下1段奶粉的生产，海关也应限制这种奶粉踏进国门，手段坚决，效果立显。那些因疾病或体弱的母亲不能提供正常的母乳，触及婴幼儿健康成长的，可以让医生和营养师介入，有选择地对这个弱势群体进行营养救助，坚决刹住现在的年轻女性为了身段和容颜滥用牛奶奶粉，罔顾母亲责任的不良风气。这比多种粮食、多造房子汽车更有深远的战略意义。

9.　中国牛奶产业，哪种模式最安全？

中国目前有34个省会级城市，333个地级城市，2856个县级城市设立。最好的牛奶产业模式是各级城市，参照城乡实际消费人口建立相应规模的奶牛场，最大限度地向本城居民提供新鲜纯牛奶。

北京、上海这样的大城市，市民最好是喝每天配送上门的原味瓶装纯牛奶，牛奶公司除了均质工艺和巴氏消毒工艺，不要往牛奶里添加任何物质。酸奶的口味虽好，但不适合多喝。酸奶发酵过程中为了增加口感，降低酸度，适当添加糖是可以的，但添加明胶之类的产品用来增加外观好看完全没有必要。

鲜牛奶最大的好处是，牛奶公司不需要为了增加保鲜期、保质期以及适口性而添加增稠剂、防腐剂、乳化剂、着色剂、消泡剂、稳定剂、抗结剂、甜味剂等。这些常规添加剂不一定对人体有害，但是加得太多也多少会影响人体的身体健康，至少不能反映牛奶营养的真实价值。

香港、深圳、广州以及南方热带地区的城市，因为气候炎热，奶牛吃不下更多的饲料，所以产奶量低，自有奶牛场不足以满足本城居民的牛奶供应，就需要北方奶牛主产区的牛奶公司向这些地方提供奶制品。

大力推广新鲜纯牛奶和奶粉制品，对我国奶牛产业的健康发展是很重要的。社会民众需要了解奶牛生产环节的专业知识，增强独立思考分辨的能力，正确选择和食用适合自己和家人的牛奶制品，提高生活质量。牛奶企业和消费者之间理念相近、互相信任和理解才可能让奶牛产业持续繁荣。

 温馨小贴士

牛奶的选择和食用技巧

1. 尽量选择生活所在城市的牛奶公司生产的奶产品，安全性更高。

2. 尽量选择原味产品，不管牛奶公司将添加外来物的产品性能吹嘘得多么神奇，都只是在忽悠你的钱，质量不可能比原味的更安全。

3. 选择每天送奶上门的原味牛奶比超市上架好多天的更靠谱。

4. 给婴儿天天喝酸奶只能让宝宝的身体健康状况更差。

5. 老年人晚上睡前喝一杯牛奶可能比吃保健品更管用；女性睡前喝一杯牛奶也有养颜养胃的作用。

6. 一个成人每天喝250毫升左右的牛奶就足够。睡前喝牛奶能养胃养颜，早餐喝牛奶能为一天的劳动提供能量和营养，喝的时间不同，所起的作用也不同。

十二、过度宣传的奢侈食品

1. 鱼翅、燕窝，贻害苍生，其实这些只不过是充门面的普通食品

中华民族善吃，孕育出让世人瞠目的繁荣餐饮文化，其中也包含一些看起来有点吓人的菜品。比如"山八珍""海八珍"，食材大都是稀罕之物，至于这些食材本身是不是真像说的那么有营养还有待考证，但事实是这些食材都是建立在贻害苍生、惨无人道的基础上获取来的。其中"山八珍"里的熊掌、猴脑，"海八珍"里的鱼翅、燕窝，将这4种珍稀动物推向了灭绝的旋涡。

鱼翅来源于鲨鱼的背鳍、胸鳍和尾鳍，可分别制得脊翅、翼翅和钩翅。几百年前的海边先辈，在跟大海的较量中偶有捕获鲨鱼的机会，因为交通工具落后，在拖不动鲨鱼庞大身躯的时候，只能割下几个部位的鳍回到岸上向同行

鲨鱼的悲剧命运

和邻居炫耀自己的捕获本领，并熬成像粉丝一样的汤吃下以显示自己的好汉本色。就是这么一个不经意的心理作用，竟吸引岸上食客们的无限遐想和妒忌，从而不断引发海洋血案，让海洋最厉害的动物在人类的屠刀下走向灭绝。

以今天发达的检测技术，没有任何证据能证明鱼翅的营养成分含量比螺蛳更高、比蹄筋更珍贵，它就是一个普通得不能再普通的海洋食品。从某种意义上讲，它并不是肉，不含鱼肉里面的营养成分。如今它真正的功能是在餐桌上给食客充门面，使请客和被请的人虚荣心得到极大满足，人一旦飘飘然起来就觉得自己可能高人一等，丝毫不考虑这种浮躁的行为带给鲨鱼这个物种多么残酷的悲情命运，社会舆论应该狠狠地扇这些人的耳光，让他们颜面扫地，才能挽回海洋生态得到保护的局面。

燕窝为金丝燕及多种同属燕类用唾液与绒羽等混合凝结所筑成的巢窝，因采集时间不同分为白燕、毛燕、血燕。产地主要在东南亚一带。每100克燕窝内含有：蛋白质50克、钙43毫克、碳水化合物31克、磷3毫克、水分11克、铁5毫克。从营养学的角度来说，燕窝并没有什么特别，人们能从燕窝中找到的任何营养成分，都可以通过其他普通食品获得，甚至更为优越。燕窝的蛋白质含量高，却高不过豆制品，而且燕窝中并不含有人体所需的各种氨基酸，算不上优质蛋白。按照营养成分分析可以得出，一碗燕窝羹的营养抵不过一杯牛奶，或是一块豆腐。把燕窝奉为滋补良药完全属于商家为利益所驱的商业行为。

2. 鲍鱼、海参，源远流长，很"长脸"的海味

鲍鱼，其实不是鱼，应该归属于贝类的软体海洋动物。自古以来鲍鱼被视为珍馐佳肴，在历代中国菜肴中占有"唯我独尊"的地位，深得达官贵人的垂青。鲍鱼的生长非常缓慢，大约需要5到10年才能达到食用的要求，鲜鲍鱼需经过晾晒、盐渍、水煮、烘干、吊晒等一系列复杂而精心的加工工序才能成为干鲍鱼，而且一只1500克的鲜鲍鱼经加工后只能得到250克左右的干鲍鱼，这是造成鲍鱼昂贵的原因之一。追溯鲍鱼被人当作菜肴的历史差不多在两千多年前。

古代中医理论说它补虚、滋阴、润肺、清热、养肝、明目。但是，今天的科学检测手段发达，经过检测，鲍鱼所含的蛋白质为12.6克/100克，跟鸡蛋的

蛋白质含量差不多，其他营养含量成分如钙、铁、锌、钠、硒、维生素等等也没有独特的优势。跟其他海产品比较并没有什么特别的营养价值。

鲍鱼在菜肴历史上的江湖地位崇高，位列"八珍"之首，历来为各个朝代的达官贵人所推崇。所以鲍鱼的身价主要体现在高级宴会场面上的风光，食鲍者并不真正为它的营养价值而去，为的是它能带给参加宴会的食客足够的面子。

海参的营养成分为每100克水发海参含蛋白质14.9克，脂肪0.9克，碳水化合物0.4克，钙357毫克，磷12毫克，铁2.4毫克，以及维生素 B_1、维生素 B_2、尼克酸等。单看这个营养成分含量，也没有什么特别之处。在中医典籍里，对海参的评价甚高，认为它"滋阴补血，健阳润燥，调经，养胎，利产"，说它有人参一般的营养价值，所以才称为"海参"。不过，跟鲍鱼一样，现代检测手段并没有发现海参有什么特别的营养成分，跟其他海产品比也没有什么特别的营养价值。

海参的生长期为3~5年，世界上最著名的海参是日本的关东参和我国大连沿海产的"辽参"。海参的价格贵有几个原因：一是因为它在菜肴历史上的名气，身价一直都比较高；二是因为其生长周期长，成本高；三是海参对生长的环境要求严格，没有合适的海底环境长不大。随着科学技术的发展，最近几年，南方海域利用温差也开始试着饲养海参，但由于饲养年限短，品质不如辽参。

鲍鱼、海参，这两种活跃在高档餐桌上的食材，营养上并不像商家说得那么神乎，但并不耽误它们成为饕餮者们用来互相吹捧的工具。反正高级场所的聚会并不真正是为了吃，更多的是建设"脸面工程"。给鲍鱼、海参披上华丽的外衣，大家都有面子，各取所需，因此对它们的营养诉求反倒不需要被人重视了。这种比较"实在的"务虚推动着海洋养殖产业的蓬勃兴起，说不定哪天鲍鱼、海参就会跑进平常百姓的餐桌。

3. 牛初乳，一个忽悠人的商业话题

初乳，是指产后7天内母亲所泌的乳。里面含有为婴儿建立身体免疫系统的免疫球蛋白，是新生命一生很关键的特殊营养物质。母牛产犊后3天内的乳

汁与普通牛乳明显不同，称之为牛初乳。牛初乳的营养价值很高，较之普通乳汁，初乳蛋白质含量更高，脂肪和糖含量较低，铁含量为普通乳汁的10~17倍，维生素D为普通乳汁的3倍，维生素A为普通乳汁的10倍。还含有活性免疫球蛋白及丰富的乳钙质、蛋白质、多种微量元素等营养成分。其中的免疫球蛋白能产生抗体，帮助小牛犊的胃肠道建立免疫区系。牛初乳虽好，但它携带的是牛这个物种的基因信息，不能替代其他物种发挥同样的作用。因此不能够代替人的初乳帮助婴儿建立正常的免疫系统。

但一些无良商家却鼓吹牛初乳对婴幼儿的营养价值，欺骗不了解真相的父母为孩子购买这些产品，为婴幼儿一生的健康埋下了隐患。卫生部已于2012年9月1日起执行"牛初乳禁令"，指出婴幼儿配方食品不得添加牛初乳，其他食品可以添加使用牛初乳。至此，被商家夸大功能、忽悠年轻父母的牛初乳风光不再。

事实上我国的奶牛配种都是使用种公牛站提供的冷冻精液，小公奶牛产下后都不能做种用，奶农又没有更多的资金和精力将这些小公奶牛养大，所以它们都会被弃养，导致庞大数量的牛初乳无处使用。

牛初乳的营养价值虽然比普通牛奶高，但是颜色发黄。正是因为这个原因，无法将牛初乳混在普通牛奶里一起销售，大部分被倒掉或用于其他小母牛的饮食，这其实是一种资源浪费。据我们粗略统计，1头产下公奶牛的母牛，平均一天按照产生初乳7.5公斤计算，那么这头奶牛一共会产生22.5公斤初乳，全国每年600万头左右的小公牛被弃养，也就是说每年能生产的牛初乳将达到135000吨，不算不知道，一算吓一跳。牛奶公司可以单独针对牛初乳设计生产装置，将牛初乳的干物质进行提炼，生产成黄色高营养奶粉，专供病人和老年人食用，可以使他们得到更丰厚的营养，延缓衰老速度，减少病痛的折磨，提高生命质量。

 温馨小贴士

高档次食品食用小知识

1. 鱼翅、燕窝听上去很美，其实很残酷。不管多么豪华的饭局，你带头拒绝吃这类贻害苍生的食品可能更容易得到别人的尊敬。

2. 海参、鲍鱼不会比普通鱼肉和其他海产品更有营养，若经济条件允许，买回家给家人和朋友尝尝也不错。由于现在的海参、鲍鱼多为人工养殖，产量规模上去了，价格也便宜了很多。

3. 海参、鲍鱼的人工养殖方法是在近海用石头等人工岛礁制造相似的生活环境，海参、鲍鱼的饵料主要是海藻类产品，并不会使用工业饲料，因此跟一般的鱼虾人工养殖有着本质的区别，品质上和捕捞的海参、鲍鱼产品没有什么不同。

4. 牛初乳的一般营养成分确实比普通牛奶营养丰富。如果条件允许，买来孝敬老人可能更合适。

舌尖上的安全

食品安全真相

第四章

食品加工的安全忧患

一、中西餐的PK

1. 中餐美味，让全世界人民羡慕嫉妒恨

中餐文化，充分展现了中国人在饮食方面的智慧。一部纪录片《舌尖上的中国》，用轻松愉悦的表现手法彰显了中餐文化的深厚底蕴。世界上没有哪个国家、哪个民族能像中华民族的子孙那样将口舌之欲变成光辉灿烂的饮食文化。

历史上中国人的国运时强时弱，曾多次遭外族人欺凌。但不管哪个时候，中国的餐饮文化一直都能得到其他国家和民族的喜欢和尊敬。中餐文化那种海纳百川、为我所用的博大胸怀和磅礴气势，是中华民族文化的重要组成部分，其征服和同化能力超乎想象。中国餐饮，像影子一样跟随着中国人走遍世界的每一个角落，它那特别的烹饪工艺和味道让所有国家的人民惊讶和佩服，更是世界人民认识中国人、中国文化最直接最便捷的渠道。不管在任何地点任何场合，随便询问一个外国人对中国的印象，最先从他们嘴里冒出来的一定是对中国菜很有感觉、记忆深刻。

2. 迷乱的调味料

中餐烹饪之所以厉害，传统上主要是靠烹饪大师们善于研究食材与火候的关系，好味道是从食材和天然调味料中慢慢浸透出来的。一个繁杂的菜谱常常有十几道工序、两三天的制作时间，浸透着厨师们的智慧和耐心。

可惜的是，自从化学调味料出现后，一股轻狂浮躁的风气就开始在年轻厨师中蔓延。一位年长的烹饪大师不无感慨地说，历史上要出现一名高级厨师，需要十几年的历练，烹饪上万道菜的经历，他才可能理解和领悟中国餐饮文化的精髓，才有可能达到烹饪大师的境界。然而，当下的年轻厨师们，在化学调

不要把有害调味料当作美味

味料的刺激和帮助下，罔顾食品安全的底线，为了达到色香味的表面效果，忘却职业厨师的专业精神和操守，肆意超量使用有毒有害的化学调味料，造成青年一代高级厨师的水货越来越多，严重影响中餐文化的健康发展。

近10年，有毒有害的化学调味料一度风靡全国、甚嚣尘上，进餐馆吃饭潜伏着相当大的危险，相当于花钱买毒，毒害自己和客人的身体健康。一位借住单位办公室的年轻白领，因为没有条件自己做饭，每顿饭都在单位附近的餐馆中解决，3年多下来，慢慢感觉身体不对劲，去医院检查，结果查出一些与饮食不当有关的疾病。

化学调味料的疯狂被曝光后，政府开始下大力气整治，这股歪风邪气才慢慢得到收敛。可是，餐馆的老板和厨师们一旦尝到甜头，哪能轻易放弃？追逐色香味商业效果的诱惑会使他们铤而走险、坚定地行走在滥用化学调味料的边缘。要想杜绝这些有害物质对身体的危害，重要的还是需要消费者自己小心谨慎，对过分好看、好闻、好吃的菜品要保持警惕。天上不会凭空掉下馅饼，那种妈妈经年累月在家庭厨房都做不出的味道，一到餐馆就活色生香，情形大变，其中多少都会潜藏着一些问题。

3. 西餐很优雅，烹饪有特色

西餐的主要特点是主料突出，形色美观，口味鲜美，营养丰富，供应方便等。西餐大致可分为法式、英式、意式、美式、俄式等多种不同风格的菜肴，不同国家的人有着不同的饮食习惯。

法式菜肴的特点是：选料广泛，加工精细，烹调考究，滋味有浓有淡，花色品种多；法国人喜欢吃半熟食品或生食食品，如牛排、羊腿以半熟鲜嫩为特点，海味的蚝也可生吃；法式菜肴重视调味，调味品种多样；且善于用红酒配餐，法国波尔多红酒就是跟着法式大餐走红全世界的。

英国的饮食，注重家庭厨房烹饪。特点是：油少、清淡，调味时较少用酒，调味品大都放在餐台上由食客自己选用。烹调讲究鲜嫩，口味清淡，由于地处海边，选料喜欢用海鲜及各种蔬菜，菜量要求少而精。烹调方法多以蒸、煮、烧、熏见长。

意大利菜肴的特点是：原汁原味，以味浓著称。烹调注重炸、熏等，以炒、煎、炸、烩等方法见长。意大利人擅长制作面食，做法吃法甚多。其制作面条有独到之处，各种形状、颜色、味道的面条有几十种，意大利面风靡全世界，得到各国人民的追捧。

美国人对饮食要求简单，喜欢吃各种新鲜蔬菜和各式水果，追求营养、快捷。喜欢铁板烧、铁扒类的菜肴，常用水果作为配料与菜肴一起烹制。继承了英式菜肴简单、清淡的特点，口味咸中带甜。

俄式菜肴口味较重，喜欢用油，制作方法简单。口味以酸、甜、辣、咸为主，烹调方法多以烤、熏、腌为主，较有特色，喜欢腌制各种鱼肉、熏肉、香肠、火腿以及酸菜、酸黄瓜等。北欧的一些国家跟俄罗斯的饮食有相似的风格。

健康营养饮食注意事项

1. 口味好的食品可能用的化学调味料更多，洋快餐也不例外。少年儿童很容易被好口味诱惑，家长要引导孩子有节制地消费。

2. 现在经济条件好了，中国人的家庭厨房也可以做西餐。猪的五花肉用来做回锅肉和煎猪排都是很不错的选择，煎牛排可能比炖牛肉更能获得好口感。中西餐结合的烹饪手法值得中国人研究和开发。

二、街头食品，云山雾罩的景致

1. 油条好吃，但你看过那油的真实面目吗？

前段时间，媒体大肆炒作河北保定一个早点卖炸油条的小伙子，就是因为他不用二锅油，因此在社会上很是红了一阵子。油条吃起来香喷喷，但那冒着青烟的一锅黑油，看着实在瘆人。

不知道是哪个精明过头的摊主带头实施的潜规则，很多摊点的炸油条居然隔天不换油。第一天使用的新鲜油，经过几十上百次的煎炸将面棍变成脆香四溢的油条，收摊的时候那锅油会被主人收起，将锅底的残渣过滤，将黑油放到第二天继续开炸。因为油脂经反复高温加热后，其中的不饱和脂肪酸经高温加热后所产生的聚合物——二聚体、三聚体，毒性较强。油的化学分子改变后，大量的致癌物质在里面形成，这时的黑油已经不叫油了，应该叫癌症制造物。

炸油条还有一个问题，就是面粉，为什么炸馒头片没有炸油条那么蓬松呢？是因为炸油条的面团里添加了化学蓬松剂，长期食用会造成有害物质积累，影响身体健康。油条本来是个好东西，不过在不安全的食品黑名单里，它的位置估计相当靠前。这不是油和面团的错，错在用油和面团的人在成本控制和社会责任面前重心失衡。

2. 路边烧烤，不仅考验你的肠胃

路边烧烤，那烟熏火燎的景致，是夏日晚上最具"风情"的胜地。不管你是"高富帅"还是"白富美"，都很难摆脱这一方胜地的诱惑，在烟雾缭绕、灰尘满天飞的环境里体验那份快感和逍遥。

和炸油条不同，这种摊档隐藏的安全隐患是不靠谱的食材。当羊肉1斤4块多钱的价格进货时，你也许还能吃到真正的羊肉，但当羊肉进货价格飚升到1斤30块钱左右的时候，如果你还能吃到货真价实的羊肉，就值得思虑了。商业都是为利而来为利而往，社会责任只有在有利可图的前提下才会被提起。

幸好现在的烧烤已经从以前单一的烤羊肉串丰富到海鲜、鸡肉、蔬果都能烤。要想体验烧烤的风情，不仅考验你的胃肠还要考验你的智慧。君子择地而行、智者择邻而居，说的就是一种鉴别和选择的智慧。当羊肉成为稀缺资源，价格高到不可能在地摊被接受的时候，去吃烧烤就要学会风险规避，强制调整舌尖味蕾的记忆，而改吃价格合理的其他食材产品。其实大家都知道，吃烧烤不是为了肚子饱，为的是那份快活的心情。食品安全的弦绷紧点没坏处，保持身体健康更多的是要注意细节保养而不仅仅是胡吃海喝造成对胃肠的冲撞。

3. 街头食品加工，需要你用良心

对于早点，南方人习惯的是豆浆、油条、糍粑块，北方人习惯风采各异的煎饼、小米粥、豆腐脑。南北方共同拥有的早点风景是一摞摞层叠高起的小笼包。这些都是街头现场加工的食品，从食材的采购到现场加工的环境卫生、个人卫生，考验的不只是摊主们日夜辛苦操劳的耐力，还考验着摊主做人的良心。

假冒伪劣的食材隐藏着大量有毒有害的腐败病菌，这些东西被客人吃进肚子，一旦发作，除了本人有生命安全威胁、痛苦不堪以外，还会牵连他的家人亲戚、同学同事朋友一大群跟他有关联的人。每个人来到人世间的机会只有一回，没有人有权利随意夺取他人的性命。

"医者仁心、食者良心"，说的是两种职业人士的专业精神和职业操守。从事食品生产和食品加工的人，需要有一颗善良的心，才可以在商业成本压力和利益诱惑面前坚持做人的底线，坚守钱可以少赚但切不可害人的原则！

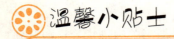温馨小贴士

安全饮食小提示

1. 油炸食品虽然口味好，不过有节制地吃很重要。天天吃炸油条，身体不大可能会好到哪里去。

2. 面包是西方人的主食，跟中国人的米饭、面条一样。人家吃了几万年都没事，估计这个食品很靠谱。所以要改善早餐口味，面包是个不错的选择。蛋糕、饼干类食品因为多数使用氢化植物油，涉嫌反式脂肪酸，味道虽好但还是少吃为好。

3. 不管是街边摊贩还是饭馆，选择经营场所环境卫生好的地方就餐很重要。如果餐馆用价格便宜换取食品卫生和环境卫生的低劣，建议你宁可选择不吃也不要将就。

4. 一些地区流行吃毛鸡蛋，值得警惕。毛鸡蛋多数是孵化失败的鸡蛋，各种病菌含量很高，往往现身于路边摊，这种食品既不营养也不安全，建议慎食。

5. 夏天路边烧烤、麻辣烫之类的摊点，加工时原材料没有冷藏设备，肉食品很容易腐败变质。而且场地都是露天的，满天飞的灰尘直接往烧烤架和汤锅里扑，卫生非常差。不是身体特别强壮的人，胃肠道的抵抗力不一定都能承受这种食品污染带来的伤害。

三、家庭烹饪的安全边界

1. 高温高油，好味道的陷阱

高温高油是中餐传统的烹饪习惯。传统考察一个厨师的水平高低，往往得看他掂勺炒肉的时候，锅里冒着那团火的大小和处理技术。能在炒菜时让锅里着火，高温高油是必备的条件。这种手法炒出来的肉确实好看，并且具有喷香、爽滑的口感，可是它的安全系数不敢恭维。

家庭厨房，虽然不至于像餐馆那样追逐高温高油的烹饪手法，但是绝大部分男主人下厨房，炒菜时都会控制不住地往锅里哗哗地倒油，油多菜就香，男性口味重是性别差异的自然特征，但家里的妻子、老人、孩子这些不需要高温高油食品的亲人就会成为受害者。所以在家庭烹饪中，要保证全家人的身体健康，一定要远离高温高油。

2. 怎么洗菜更干净

洗菜是一个简单得不能再简单的活儿。不过在环境污染和食品污染严重的当下，能真正洗干净菜可是一门技术活儿。这里说的洗菜泛指洗菜、洗水果、洗肉等清洗食材的劳动。

先说洗肉，不管是食品加工厂、餐馆还是农贸市场的卖肉摊贩，有一个很奇怪的现象就是，绞肉馅的时候不洗。只有鲜肉才能绞肉馅，运输最快的猪肉，从屠宰场到批发市场再到农贸零售市场，最少也得在17小时以上，若是从较远的地方运到城市里的时间还要更长一些。这个过程中，猪肉或牛羊肉的白条肉或分割肉都是敞开在空气中运输，运输车一路奔波，路上的灰尘都会从车缝中钻进去，卖肉大厅里人声鼎沸、空气污浊，各种各样的细菌漫天飞舞，这种情况下的生鲜肉类早已被看不见的灰尘污垢沾满肉的表面。一般家庭没有绞肉机，想吃饺子包子了，都得请卖肉的摊贩帮着绞成肉馅。绞肉馅之前不经过仔细清洗，那个肉馅就是包含有毒有害病菌的残次品，体弱者长期吃这样的食品只会更加伤害身体。

那些做火腿、包子、饺子的食品加工厂，生产线消耗的鲜肉数量大，如果要清洗，对车间环境、工人劳动量、食品配方中调味料的使用都会带来很大麻烦，所以肉不经过清洗就直接上生产线是不争的事实。消费者在超市购买的都是包装漂亮的成品，看不见生产环节的洗肉环节，被动污染就可能成为现实。

水果是很好的食品，在工业不发达经济落后的从前，农民在果树上随便摘一个果子，往并不干净的衣服上蹭两下就开吃，也不见得有什么毛病。当化肥农药被大量使用的时候，农村人吃水果往衣服上蹭的现象越来越少。但城里人不知农事，大都保持从前的习惯，认为好营养都在果皮，舍不得削皮。讲究点儿的人，用清洗剂泡一下再冲洗一下就开吃，殊不知今日的水果已经不同于从前的水果，果皮隐藏的不仅仅是农药，大气水土被污染以后，很多其他污染物也会通过空气、雨水粘附到果皮上，而且粘得很牢固，仅仅靠洗是洗不掉的。

所以，对于能削皮的水果一定要削皮，吃葡萄不要整个放进嘴里再吐皮，宁可麻烦点用手剥皮后再放进嘴里更安全。

蔬菜的清洗是最有争议的。有的用清洗剂使劲泡，有的在盆里的静水中用手使劲搓，这些都达不到把蔬菜清洗干净的目的，还会破坏蔬菜中的营养物质。简明快捷的正确方法是：土豆、红薯、萝卜等块茎类蔬菜，最好是削皮食用，叶子类蔬菜，用水龙头的细小流水冲洗，手指在活水下轻轻地对一片片叶子、一根根叶茎揉搓。虽然多用了些水，但是效果比用清洗剂泡和在静水中大力揉搓安全效果好很多。

餐馆的蔬菜用量大，工人不可能像家庭厨房一样用活水冲洗。但仍然可以用后厨的大水管子将蔬菜平铺在地上翻动着冲洗干净后再用静水泡两遍，同样可以达到理想的效果。

3. 食用油里的乾坤

食用油可能是所有食品中人民群众被误导最深、身体健康受伤害最大的产品。最大的两个误导：一个是动物油和植物油的食用选择；另一个是植物油品种的选择。

大概从30年前开始，人类营养学家和医生都大肆告诫人民群众不要吃动物油，理由是动物油含的是饱和脂肪酸，植物油含的是不饱和脂肪酸，动物油吃多了容易得高血压、高血脂、糖尿病等疾病。所以，动物油就在一片喊打声中变成食品垃圾，而植物油则摇身一变成为厨房的贵宾。

问一个你我都看得见摸得着的问题：最近几十年来，绝大部分人群都很少吃动物油，那么社会上得高血压、高血脂、糖尿病的人减少了吗？来自医院发布的数据说现在社会上有1.6亿人有高血压、高血脂、糖尿病，35岁以上的男性"三高"增长率是74%，女性"三高"增长率是62%。先别去置疑这个数据的权威性有多大，就从每天最实际的一天三顿饭来说，肉可以不顿顿吃，但油基本上是每个人天天都在吃，如果非要从脂肪酸上找祸根，那就是食用植物油的问题了。

北极熊、灰熊、棕熊这些冬眠动物，能让它们半年不吃任何东西还能在洞

其实高血压、高血脂跟吃动物油还是植物油关系不大。

吃植物油怎么血压血脂还是高啊？

动物油和植物油的选择

内产子哺乳，依靠的营养中重点是脂肪；鲸鱼在迁徙过程中几个月不进食，大部分营养依靠的也是体内脂肪。脂肪对动物体新陈代谢的保护是其他任何物质不可替代的。就拿人类来说，只吃植物油也就是最近30年左右的时间。野猪被人驯养成家猪的时间有文字记载的也有几千年历史，吃猪肉就会有猪油，草原牧区人民最喜欢的一道菜就是煮熟的羊尾油，鸡油到现在还是一些餐馆炒素菜的热门动物油脂。

在过去记得起的饥饿时代，特别是南方生猪主产区的民众，历来都喜欢吃动物油，生猪主产区的人群得"三高"疾病的也不一定比其他地方的人多；内蒙古草原和青藏高原的牧民几万年来都主要以动物的肉、奶、油为主食，吃的都是饱和脂肪酸，也没见牧民就大面积得"三高"疾病。

事实证明，只吃植物油不吃动物油就一定健康的说法是不正确的。这只是人类营养学家和医生们单纯从油脂里所含的营养物质成分的静态理解，而没有从人体新陈代谢的运行规律去理性分析，草率得出的结论。

脂肪对动物体的作用不一定就是现在社会上流传的是心血管疾病的祸首，从脂肪对野生动物身上的正向反应可以推测，人类之所以能快速进化成高智商动物，在大自然的生存竞争中存活下来，体内的脂肪沉积在奔跑、格斗、繁育过程中发挥着至关重要的作用。在饥饿和高压力状态下，脂肪释放的不仅仅是能量，应该还带着脂肪的基因力量信息，并传达到器官组织系统，使它们在新陈代谢中保持足够的信心和力量，帮助人类渡过难关。

在如今食物富足、生存环境和平稳定的社会，民众还大规模罹患"三高"疾病，主要还是营养过剩加上运动量不足引起的。片面肯定或否定一个食物的两面性是不正确的。可能正确的食用油选择方法是：正常人动物油和植物油兼着吃，肥胖者多吃植物油，体弱者多吃动物油，女性怀孕和哺乳期间多吃动物油对胎儿生长、分娩减痛、哺乳期泌乳都有正向的促进作用。

植物食用油的品种选择也是让人民群众很纠结的一个问题，各种说法莫衷一是。在超市食用油货架面前，总能看到一些摇晃的脑袋在那里犹犹豫豫，不知道从哪里下手。

实际上，要分辨哪种油好，一个简单的办法是看它们的材质来源。大豆、花生、油菜子、葵花子、玉米、橄榄、亚麻子、红花子都能榨油，看清楚这些油脂作物或粮食作物的本源特征，就能大致看出到底哪个油的品质最好。

超市里食用油的价格差异反映的不是品质差异而是产量差异。花生油价格高主要还是因为花生的种植成本高，产量太低，收购价格高所致。玉米油、葵花子油、橄榄油、亚麻子油、红花子油也基于同样的原理，所以价格高。大豆和油菜的播种面积大，是油类作物的主力军。大豆油和菜子油价格低并不代表它们的营养价值低，特别是大豆油可能是所有油品中品质最好的产品，因为豆粕、豆饼的江湖地位是其他油类副产物所难以撼动的。

在超市里还有不少的调和油。所谓"调和油"，就是根据使用需要，将两种以上精炼的油脂按比例调配制成的食用油。目前市场上的调和油种类多达几十种，让人眼花缭乱。调和油的组成油料由三四种到八九种不等，各品牌调和油对构成油料成分标注得比较详细，却没有一个调和油品牌在标签上标注了各种油料的配方比例。调和油作为一种营养调配方式是没有问题的，只是如果商家用调和油的概念炒作高价格就不太厚道了。

 温馨小贴士

厨房烹饪小窍门

1. 炒菜时热锅凉油、低温低油是个不错的方法。

2. 调味料吃的是它的味道不是它的营养，因此"味道第一，营养第二"是对待调味品的正确态度，对那些吹嘘自家调味料营养有多么丰富并高价销售的现象，消费者可不予理睬。对调味料来说，不含有害化学物质比什么都重要。

3. 洗肉、洗菜用活水冲洗就是最好的方法。洗涤剂大都是化学制剂，不要相信厂家说的无毒无副作用，建议不要用来洗菜。

4. 食用油换着吃比长期单独吃一种要好，理由很简单，更容易获取更多类型的脂肪酸。调和油理论上是几种油混合，但是不是比换着用油更好，需要消费者在实践中去对比。

5. 猪、牛、羊、鸡、鸭、鹅都可以提炼动物油，各有各的味道，换着吃能使家庭菜品更有好味道。

舌尖上的安全

食品安全真相

第五章

冷冻食品有多安全

一、鲜肉，其实安全性很低

1. 鲜肉的屠宰运输流程，看傻你的眼

　　生鲜肉的生产过程是这样的，屠宰企业通常头天下午1点到3点左右开始屠宰，到了晚上白条猪或白条羊、胴体牛就被运送到批发市场，一级批发商们就开始分割，第2天早上3点钟开始，农贸市场的肉类摊主或餐馆的采购进入市场购货。早上6点多钟，老百姓就可以在农贸市场买到新鲜的猪、牛、羊肉，食客们上午11点以后就可以在餐馆或家庭餐桌上吃到鲜肉菜品。这其中的时间间隔在17～22个小时。

2. 鲜肉容易酸败、滋生病菌

　　屠宰后的鲜肉在这个过程中仍然在进行氧化反应，在常温下会发酵自溶，

从屠宰车间到家庭厨房仅20个小时左右的时间里，鲜肉已经不再新鲜

近20个小时的物流过程足以让鲜肉发生酸败氧溶和细菌滋生繁衍。更别说在物流过程中和贸易过程环境中空气污浊、大量的细菌黏附，使鲜肉很不卫生。烹饪前简单的清洗不足以完全清除干净鲜肉上那些氧化酸败的病菌。

3. 传统的鲜肉消费观念，确实需要更新

鲜肉消费是在落后的农耕经济时代形成的习惯和观念，传承着野生肉食动物的本能特征。人类文明进步越大的地方，鲜肉消费的观念变化越大，消费鲜肉的人群越少。认为新鲜肉好吃只是心理作用，肉食品的味道主要来自于烹饪火候和调味品，鲜肉并不能保持本源营养，只是人的肉眼看不见而已，在显微镜下观察，鲜肉在烹饪前和刚屠宰时的异化程度还是很大的。

 温馨小贴士

鲜肉保存与选购的小常识

1. 鲜肉很容易产生细菌，采购回家的鲜肉，如果不是马上烹饪就需要放在冰箱冷藏室里。

2. 采购鲜肉尽量在早上，因为农贸市场的摊贩没有那么大的冰柜存肉。下午采购鲜肉，质量会大大下降，氧化腐败一定存在，只是眼睛看不见而已。

3. 冷却排酸肉：

猪或牛屠宰后，将胴体悬挂在恒定温度为0℃~ 4℃之间的排酸间里，经过48小时左右的冷却，鲜肉完成了排酸过程。排酸过程中，大多数有害微生物的生长繁殖受到抑制，肉毒梭菌和金黄色葡萄球菌等不再分泌毒素，肉中的酶发生作用，将部分蛋白质分解成氨基酸，同时排空血液及占体重18%~20%的体液，从而减少了有害物质的含量，确保了肉类的安全卫生。排酸肉肉质呈稍暗的鲜红色，肉质滑嫩可口无腥味。

4. 采购牛羊肉时，用手用力捏瘦肉，如果湿手出水，就是注水肉。

5. 鲜肉不会比冻肉的味道更好，改进消费观念，习惯食用冻肉产品可能会更加安全。

二、冷冻食品的安全系数

1. 急冻技术的保鲜功能，很靓很给力

肉类急冻技术是指刚屠宰的肉类，置入–33℃的急冻室环境快速冷却。这个低温环境，可以使肌肉细胞内的水分得到快速冻结，从而保持了肉的新鲜度，氧化反应和细菌活动在这种环境下被瞬间终结。最大限度地保持了肌肉的本源品质。而家庭中–18℃的冰箱温度，只能使细胞外面的肌肉水分冷冻，细胞内的活动并没有被终止，所以保鲜的能力有限，存放时间长了肌肉的品质会改变，这才是民众对冷冻食品产生误会的症结。

正规的屠宰场都清楚急冻技术的科学原理，大都建设有急冻冷库，经过急冻后的肉食品不但可以长时间存放，而且还能保持肌肉的营养物质新鲜、没有细菌、酸败污染，是真正意义上的安全食品。

2. 冷冻食品几年不坏的秘诀

刚屠宰的肉类冷却后，在急冻室–33℃环境下经过2～3个小时的快速冷却，使肌肉细胞内外的水分都被冻结，氧化反应被终止。再转入–22℃的常温冷库存放，使肌肉细胞内外被冻住的水分不会解冻，氧化反应得不到恢复，细菌不能生存，所以存放几年后，即使表面水分有少许挥发，虽然看着表面肌肉发干但不会影响整个肉食品的品质。

理论上–270℃环境下被冷冻的任何物质存放几百甚至上千年也不会出现变化，这给繁殖育种和生物工程的前沿科学技术探索提供了坚强的后盾。

3. 冻肉的味道比鲜肉差吗?

答案当然不是。在空气中存放近20个小时的鲜肉营养物质流失和污染远大于经过急冻后解冻的肉类。也就是说,真实的情况是:从屠宰场出来的冻肉更新鲜!家庭冰箱出来的冻肉品质和屠宰场出来的冻肉品质完全不同。

不管是中餐还是西餐,肉的味道主要来自于烹饪的火候掌握和合理的调味料使用。即使像日本和牛肉那样可以生吃的肉食品,也是经过急冻后解冻的肉更安全。没经过急冻的鲜肉生吃,即使吃芥末、大蒜也不能防止拉肚子的风险。

三、冷冻食品让世界更温暖

1. 西方人杀牛，东方人吃肉，威风八面的冷链技术

所谓冷链技术，就是经急冻后的物品在冷冻状态下的封闭运输。冷链运输是现代文明社会最亮丽的物流方式。西方人杀牛、东方人吃肉这种事情在冷冻技术出现前是不可以想象的。正是冷链运输，让全世界的食品经济有机会融为一体。

冷链技术的广泛应用是未来世界经济贸易的重要运输力量，是弥补地区间物资平衡的有力手段，在解决世界贫富差异化问题中扮演重要角色。

2. 冷冻食材，奥运会、世锦赛运动会饮食安全的门神

4年一届的奥运会、世锦赛，都会在短时间狭小的空间里容纳几十万甚至几百万人的活动。每天每餐要解决这么多人的饮食安全供应，没有冷链技术是难以想象的。正是冷链技术，保证了批量烹饪食品的安全卫生。

冷冻食材，是大型集会的饮食安全门神。体育、文化的大型集会使人类的精神生活丰富多彩，不同国家和民族的经济文化频繁交流，更能避免战争的瘟疫流行，让世界更有机会走向和平，让地球变得更安宁、更有生气。地球的转动其实只需要一个很小的支点，冷冻食材常起的就是这种不起眼的支点作用。

3. 让冷冻进入生活，人们会生活得更安全更健康

美国爱玛客餐饮服务公司是负责历届奥运会餐饮的大企业。在冷链技术上有丰富的经验，是在全世界推广冷冻食材的先锋之一。该公司在中国承接220多个城市写字楼的团餐，他们向国内屠宰企业订购的全部都是冷冻食品，他们

的示范作用带动国内外团餐行业企业纷纷选择冷冻食材作为团餐的安全保障。中餐馆也在逐步接受并适应冷冻食材的新概念，只有当社会大众都认识到冷冻食品在生活中的重要性以后，人们的健康安全才会走上一个新的台阶。

4. 冷冻食品安全，要求冷链环节的严密温控

不管是冷冻肉、海鲜还是冷冻饺子、包子、汤圆、雪糕冰激凌，造成安全事故的最大可能是在冷冻运输和冷冻贮藏中出现的温度失控。一般冷冻好的食品，保持在-18℃的环境下不会产生任何问题，一旦冷库或冰箱因为停电或其他意外事故造成温度上升，有害细菌就会快速繁殖，并破坏食品的营养物质，产生毒性。即使后来又恢复到正常的冷冻环境，但是遭到破坏的食品已经不能还原，这批食品的安全性就会大大降低。

生活中，消费者需要特别注意食品二次冷冻或多次冷冻的潜在危害，特别是冷冻饺子、冷冻包子、冷冻汤圆、冷冻海鲜这些产品一旦在冷链环节中出现过温度失控，所潜藏的毒性物质很容易给健康安全造成伤害。选择冷冻食品的时候，从颜色、外形完整度、表面起雾程度可以作一些基本判断。

 温馨小贴士

购买冷冻食品的注意事项

1. 从正规屠宰场出来的冷冻肉产品大都经过-33℃的急冻库急冻，安全系数很高。冷冻水饺、包子、汤圆、丸子的生产至少在-22℃的环境下冷冻，才相对较安全。

2. 消费带动产品模式，消费者要求购买冷冻肉产品的多了，渠道商会要求屠宰厂提供相应产品。慢慢地冷冻肉食品就会形成风气，广大民众的饮食食材就会多一道安全屏障。

3. 在超市购买冷冻海鲜、冷冻水饺、冷冻包子、冷冻汤圆、冷冻丸子等产品的时候，注意观察包装上的冻霜，如果积冰严重、冻霜明显，极有可能遭遇过二次冷冻，需要谨慎购买。

4. 冷冻肉解冻最理想的方法是在冰箱冷藏室慢慢解冻，其次是在常温环境自然解冻。在凉水、温水里或微波炉里快速解冻可能会使解冻后的肉水分偏高或者过低，不利于烹饪。

舌尖上的安全

食品安全真相

第六章

快餐，不全是垃圾食品

一、快餐食品是现代文明的产物

1. 快节奏生活模式催生快餐产业

"快餐"，这个专业术语可能来自于美国麦当劳、肯德基。不过要追究"快餐"的名词解释，如果是指"消费者交费后，在很短的时间内能够获取而且快速进食后离开的新鲜食物"，那么早上在街边摊点吃豆浆、稀饭、油条、馄饨、豆腐脑、小笼包这样的食品比买汉堡包、炸鸡腿、炸薯条的速度更快更便捷。所以，快餐不仅仅是指销售速度方面。

不管是中式快餐还是西式快餐，都是人们生活节奏加快的产物。体现了国家经济文化建设的速度，社会朝气蓬勃的气象，民众斗志昂扬的精神面貌，是衡量人类现代文明进步最直接的杠杆。要了解一个国家或地区的发达与落后程度，不用测算GDP，站在大街上，观察当地人走路迈步的频率和快餐店的数量就可以八九不离十地判断出这里的人类文明离现代有多远。

2. 标准化是快餐业的法宝

提到快餐，人们脑子里首先想到的就是麦当劳和肯德基，少有人把中国的餐饮跟快餐联系在一起。用美国快餐业的特征介绍，标准化是快餐业区别于其他餐饮形式的最大特点。从店面的装潢统一设计，到厨房操作规程、汉堡包的大小、炸薯条的油温、炸鸡腿的形状全世界的麦当劳和肯德基都相同，头天在纽约啃个汉堡包，第二天在北京嚼根炸薯条，感觉味道完全一样，这就是快餐文化的魅力。如果你刚去别的国家，谁都不认识，不免惴惴不安，安抚自己的一个好方法是就近找个麦当劳或肯德基钻进去，你马上就能找到家乡国度的味道，尽管那是美国人的发明创造。

不过按照快餐工艺的标准化理解，中国的早点快餐在制作工艺和摊点设计工艺方面并不比麦当劳、肯德基差。小笼包的原材料选购、制作方法、蒸笼的层叠气势，从北京到上海、广州、成都完全一样，和美国快餐不同的特征是，中式早点快餐开放，美式快餐封闭。但中国的拉面馆从外观到内涵的任何一个元素跟美国的快餐比都不输分毫。

3. 运营模式的快速复制让其他行业望尘莫及

快餐行业还有一个很大的特点是复制速度。由于标准化程式化运作，要复制一个店面就比较简单，所以连锁经营是快餐业最显著的业态。麦当劳和肯德基最牛的一点是，能看见麦当劳的地方，在附近闻味，多半能快速找到肯德基。正是这种良性竞争的业态模式，使两家让全世界人民都家喻户晓的快餐公司保持了最强大的文化穿透力。中式快餐虽然没有麦当劳、肯德基那么强大的国际市场竞争力，但是像成都小吃、重庆小吃、沙县小吃、兰州拉面、山西刀削面等在全国各地的复制能力也是惊人的。

 温馨小贴士

在外就餐小提示

1. 现代快节奏条件下，很多年轻人会"被"快餐。不管你多忙，无论在任何地方，吃快餐前最好要求老板提供清洁水先把手洗干净然后再吃。在路边外卖购买的快餐，最好拿回家或单位先洗手再吃。现在的空气环境很脏，手是最容易被污染的地方。

2. 小餐馆的餐巾纸大都不太卫生，这是餐馆追求廉价的结果，更是餐巾纸厂家的问题。因此随身携带从超市买的正规厂家生产的餐巾纸很有必要。

3. 小餐馆的肉类熟食大都不是自己做的，生产肉类熟食的厂家会不会从成本考虑使用病死畜禽，只有他们自己知道，消费者需要谨慎选择。

4. 小餐馆的饭菜价格便宜，从成本考虑，很容易成为地沟油或其他劣质油的倾销场所。在选择菜品的时候需要小心谨慎，尽量选择少油菜品。

二、快餐食品就一定是垃圾吗？

1. 麦当劳、肯德基的郁闷

当人们把垃圾食品的帽子扣在麦当劳、肯德基头上的时候，这两家企业的高管们在得到面子的同时也比较郁闷。汉堡包、炸薯条、炸鸡腿以其诱人的口感征服了全世界人民味蕾的同时，也因为其高热量被美国的自家人称作垃圾食品，进而让全世界人民也跟着起哄，最后把整个快餐食品业拽进坑里，背上垃圾食品的黑锅。

说到垃圾食品，现在多数人想到洋快餐，但是其实真正意义的垃圾食品涵盖的范围还真不小。按照社会流传的说法，只要是属于仅仅提供热量，其他营养元素含量很少，或者提供超过人体需要热量的食品，都可称为垃圾食品。包括冷冻甜品、饼干类食品、罐头、汽水饮料、方便面和膨化食品，等等。

就中国而言，麦当劳、肯德基这两家公司生产的食品，占全部快餐食品总量的10%都不到。绝大部分的快餐食品还是出身于遍布街头巷尾的早餐摊点，以及遍布全国虽然老板的名字不同但是连锁程度惊人相同的成都小吃、重庆小吃、沙县小吃、兰州拉面、山西刀削面，等等。

2. 中式快餐的营养安全很给力

中式快餐里，可能隐含安全隐患的只是路边摊的炸油条、猪肉包等几个有限的食品品类，绝大多数的中式快餐食品安全和营养都非常给力。最值得称道的是兰州拉面和山西刀削面，如果厨师们不往面粉里添加化学添加剂、不往靓汤里添加化学调味剂，老板们能秉承甘肃人和山西人的憨厚与本分，将家乡的醇厚味道在异地传承，这两碗面食可以在快餐食品大赛中获得高分。

中式快餐的另一个精彩景致就是遍布大中城市的写字楼餐厅和商场超市的美食城，就奔着一个"快"字吸引人。消费者一手交钱一手拿菜拿饭，干净利索毫不拖泥带水，吃得快慢由人，吃完就走，没人在那里逗留。来往人多，气氛浓烈，老板高兴食客满意，真是一个演绎快餐文化的好场地。

3. 垃圾食品的说法是人给自己的错误找推脱

给麦当劳、肯德基冠名垃圾食品的不是亚洲人，也不是欧洲人和非洲人，是地地道道的美国人。在快节奏的社会里，美国人没时间或者不愿意在自家厨房用心去烹饪，特别是很多年轻人认为把时间用于玩乐更有意义，生活理念的改变导致他们把更多的自身营养委托给快餐厅。汉堡包、炸薯条、炸鸡腿的诱人美味，让食客们欲罢不能，他们不懂得节制，疯狂地吃，让身体变得肥胖后反过来却找快餐的不是。这是一种恩将仇报的思维逻辑，这样想就太不讲理了。

在中国，快餐食品对身体的危害跟那些饕餮大餐相比，并没有什么特别。西式快餐在中国人群的占有量很低，能经常去那里就餐的毕竟是小众人群，就算最爱吃麦当劳、肯德基的儿童也不会一日三餐在那里消费，没有理由将它跟美国本土的问题相提并论。

温馨小贴士

健康饮食注意事项

1. 不管是快餐小吃店还是商场美食城、写字楼餐厅，都是流水位。碗盘餐具的使用速度飞快，虽然老板也会在后厨安排洗碗工，能不能快速洗干净不说，起码来不及消毒。明智的你可以考虑避开就餐高峰期前往，要么提前要么延后，也许可以要求服务员重新消毒餐具，厨师的忙乱时段过了，也有心情和时间把菜炒的细心些。

2. 夏天，很多人喜欢喝冰镇啤酒。如果就餐时环境太热，少喝些无伤大雅，如果认为越是热就越要喝凉的，那就是在糟践肠胃，这种坏习惯常常会使胃肠功能过早衰退。

3. 重庆人在40℃高温的夏天吃火锅，哈尔滨人在-20℃的天气吃冰棍，那只是特殊环境下特殊的人群才敢尝试的威猛。普通人还是按照季节时令安排自己的饮食比较安全。

4. 北方气候干燥，吃辣椒不能太猛。即使你来自四川、重庆、贵州、湖南等地，在湿热的老家你怎么狂吃辣椒都不过分，但在北方，你最好有所节制。北方空气干燥，到北方后天天顿顿吃辣椒，就算你有钢铁般的胃肠，也禁不住辣椒素和干热的摧残。

三、快餐与肥胖的纠葛，优雅不是错

1. 儿童肥胖80%是父母的错

儿童肥胖是发达国家和中国这种快速发展中国家共同面临的问题。一个很奇怪的现象是，人们总把儿童肥胖怪罪给快餐食品。麦当劳、肯德基成了冤死也没人同情的罪魁，这是世界上最大的冤案，制造这起冤案的是美国的家长和媒体。中国的儿童肥胖和汉堡包没什么关系，是那些失职的家长给自己的错误寻找推脱。

儿童肥胖主要是饮食结构不合理，究其原因是家长没有帮助儿童做好饮食的节制。营养物质不平衡和过量的营养物质堆积给儿童未发育成熟的消化器官制造了过大的负担和压力。当这些稚嫩的器官组织不堪重负的时候，面临的营养物质在体内堆积就成了不可避免的事实。

宝贝！你是妈的心肝，想吃啥妈妈都给你买！

妈妈的爱有点儿过头，我伤不起！

儿童肥胖80%是父母的错

儿童是心智发育不全的群体，没有鉴别和自我控制能力。对口味好的食物有本能的追逐，监管的父母因溺爱而放纵了他们的嘴，责任既不在食品公司也不在儿童本人，父母才需要担当主要的责任。

2. 肥胖与快餐无关，与个人饮食习惯有关

所谓"心宽体胖"，表扬的是体胖者心胸开阔，对人和事物有更大的包容心，忍耐心，不计较事儿，人缘更好。不好的方面是体胖者大多表现为体内脂肪沉积量大，外表不够英俊漂亮，气喘吁吁、行动迟缓，比体瘦者更容易得高血压、高血脂、糖尿病等疾病。

大凡体胖者，不分男女国籍，有一个共同特点，就是能吃能睡，这是一种生活习惯。成人肥胖，跟是不是习惯吃快餐没有关系。形成肥胖主要有两个因素：一是体胖者天生体内的各组织系统靶细胞的脂肪合成能力强，有些女性"喝水都胖"，跟这个有很大的关系；二是在饮食习惯方面不够节制，暴饮暴食，在身体运动强度不匹配的情况下，很容易形成营养过剩，在体内形成营养堆积。

在和平环境下，体胖者容易表现出劣势的一面。而当生存环境突然变得险恶的时候，体胖就表现出优势了。比如，战争、矿难、地震，都会使人的生存环境变得险象环生，生命之光变得异常脆弱。这个时候，体内若有足够的能量储备，在无水、无食物的时候更能忍耐饥饿的折磨。

假如科学家能研究出熊和鲸鱼的营养储备与运用本领，仅仅通过肥胖就能不吃不喝生存几个月，估计全世界人民会瞬间统一到越胖越美的审美观上去，减肥产品和减肥行业就会烟消云散了。咱们的生活方式也简单了，吃一顿管几天，不带干粮就能远足，过沙漠如同儿戏，渡大海如跨小沟，那是多么奇妙的生命运动奇观哦。

3. 快餐也需要优雅

快餐常给人的错觉是，既然快就不用讲究吃相，不用讲究营养搭配，一切为了吃饱。人体内的组织消化系统对营养物质的转化态度是一样的，并不因为

是快餐还是慢餐而有所不同，抢食和多食给胃肠道制造的麻烦是一样的。

西餐讲究环境优雅，也要求食客注意吃相，从衣着打扮到行为举止，都要显得温文尔雅。咱们中国人大嗓门，说话喜欢扯着嗓子的习惯跟西餐文化实在是格格不入。即使是在麦当劳、肯德基那样的快餐场所，环境也布置得温馨优雅，食客们本来可以细嚼慢咽，慢慢品尝汉堡包、炸薯条、炸鸡腿的味道，可在现场常能看见个别壮汉吃食物如风卷残云，两口下去汉堡包不见了，一包炸薯条嗖嗖几下就冲进嘴里，美味的炸鸡腿一口一个，很有猪八戒的风范。

中餐文化讲究实在，对环境和吃相不那么讲究。中餐饭馆常跟农贸市场的景致一样吵闹非凡，如果你不大声叫嚷听不见对方说的是啥，因此造成中餐场所看起来粗鄙不堪。其实，"食不言、寝不语"这样的古训早就存在，中国人的祖先都很讲究文明礼貌。在文雅人扎堆的地方，吃相也还说得过去。难道说劳动人民吃饭就不能动作轻点、说话细声点？非不能，是不为也。

中式快餐的早点摊，街头巷尾的烤羊肉串、麻辣烫的摊点，遍布城市的成都、重庆、沙县小吃，房前屋后的拉面馆、刀削面馆，机关企事业食堂，写字楼商场餐厅，在这些地方售卖食品的老板们不能提供优雅的环境，不代表食客不能收敛自己，在这种公共场所人与人之间更加需要谦逊、客气、礼让。语言文明、举止优雅彰显着个人修养和国家民族的希望，只有每个人都自觉修正提高自己，才可能改变整个社会的素质。生活质量、生命质量、社会运行质量、国家强大的质量相互依存、相互制约，忽视任何一个环节都会使整体受到影响。

🔆 温馨小贴士

健康饮食原则

1. 儿童的饮食习惯要从小培养，在添加辅食的时候就要开始培养孩子的味觉爱好。如果成人过多地给予肉食，孩子稍大后对蔬菜就不感兴趣。最好的方式是从辅食添加就要注意蔬菜和肉食的比例，以及蔬菜的花样性。如果孩子不喜欢吃蔬菜，可以尽量变换花样制作，比如制作蔬菜和少量肉混合的包子、饺子，或者把菜切碎和入面中制作菜面条或者菜饼，还可以制作美味的菜粥。制作中如果能稍稍用点心思，做些可爱的形状也能吸引孩子。可以每顿加少量蔬菜，逐步培养孩子对蔬菜的爱好，不宜强迫。

2. 美女分骨感美人和肉感美人，不吃饭盲目减肥是糟践自己，其实绝大部分男性更喜欢肉感美人。市场上的减肥产品大都是在忽悠你的钱，修炼好自己的性格秉性比外表漂亮更能收获优秀男人的爱慕之心。

3. 老年人的胃肠不好，选择快餐食品时尽量选择炖、蒸、煮的菜品更好。

第七章

风味食品好吃，但安全隐忧也多

一、腊味食品

1. 祖先的储藏智慧，春节前农村的亮丽风景

从前的南方农村，春节前经常会发生火灾，大多是由于熏腊肉不慎引起的。在冰箱还没诞生的时代，人类智慧在食品储藏方面的最佳表现就是腊味食品。它不仅让剩余食品可以获得较长的保质期，还让生鲜变成另一种风味，特别的鲜香刺激着人们的味蕾，舌尖上的产业变得丰富多彩。

腊肉、腊肠、腊鱼、腊鸭，祖先的智慧在农民手中传承，城市人对农民手工腊味食品充满好奇，却不知那复杂精湛的工艺，需要农民付出多少的汗水和艰辛。当今时代，冷冻替代了腌制，冰箱驱赶走氧化腐败，人们享受着更加惬意的生活，但不能忘却的仍是腊月的那份记忆和欢乐。

2. 风和盐联手，制造无法抵挡的美食诱惑

腊味，是风和盐联手创造的奇迹。广东东陂人，以风作刀，使盐为剑，将腊味工艺发展到炉火纯青的极致。他们以杉木为架，竹笏扎搭，五六米高的晒棚，盖上松皮，迎风避光。白天在凉棚晾晒，晚上五更天将腊味从棚里晾出在露天外"打冷风"，至日出后又将腊味收回凉棚，反复晾晒直至腊味风干至成品，这种精神，很有大师的风范。

个子低智商不低的四川重庆人，在风和盐的基础上，再用烟熏。房前屋后的空地，一堆堆腌制过的生肉，盖上一层湿湿的松枝柏叶，点上篝火，灰灰白白的烟雾缭绕，滑腻的生香飘荡在沃野天空，整个腊月，到处是熏烤腊肉的篝火，传播着农民们丰收的喜悦。大人们盘算着来年的生产计划，孩子们蹦跳着掰指头数春节何时到来，有新衣服穿，有压岁钱赚。一年的辛劳，在这里忘

川；来年的希望，从这里起帆。

湖南湖北，江苏江西，安徽浙江，腊肉腊鱼，腊鸡腊鸭，风味不输分毫。贵州广西、云南西藏，演绎的是西南风尚。腊肉煲饭，最是广西人的自豪；贵州腊肉，灶台上吊着的黑色宝藏，驱散高原腊月的风寒，民族村寨到处弥漫迷人的肉香；彩云之南，腊肉是大块的风情，五朵金花的笑颜，甜的不只是腊味恩爱；高山之巅、雪山之下，牦牛肉的结实，腊出不一样的清香和醇厚。

3. 腊味，上得厅堂下得厨房的绅士食品

腊味中潜藏的智慧，是对大自然氧化腐败的成功挑战；腊味的制作，饱含着对家人的恩爱，对亲戚邻居的珍爱，对社会朋友的友爱。贵客远至，一块腊肉做菜，表达主人对客人远道而来的敬意和诚挚的友情；礼节当头，一份腊味礼品代表着对客人最高程度的尊敬，使送礼者在客人心中身价倍增。

腊味，在冷冻文明的进步中滑落，卸下为人延续营养的重担，跃身而为高级饮食场所的珍品，撩拨人们对鲜美味道的记忆和儿时快活经历的想念；在经济欠发达的落后地区，继续传承普通民众对春节期间过剩肉食品的完美储藏和长时间的营养供给。

4. 好吃与安全的对垒，让你在摇摆中艰难抉择

腊味好吃，可是伴随着安全的隐患，一次不能过多食用。腊肉一般含盐量高，脂肪、胆固醇含量高，亚硝酸盐含量高，制作过程中微量元素和多种维生素损失严重。任何事物都有正反两面，优势越明显的常常劣势也严重，做人做事都遵循同样的道理。好味道和安全的对垒，需要食客合理地平衡，适可而止饱含深刻的人生哲理，贪欲和过度消费都会给自然环境和人的身心健康带来危害。进退之间，考验人的生活素养和生存智慧。

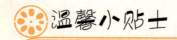温馨小贴士

食用腊肉小窍门

1. 洗烟熏腊肉，先用热水浸泡，并在热水中用小尖刀刮蹭，将表面一层黑色杂质去掉。然后用温水浸泡20分钟左右，换温水后再用刀刮蹭，至肉的颜色变黄就算干净。

2. 腊肉不管怎么吃，烹饪前都需要放在冷水锅里，烧开后慢火煮10分钟。烹饪时少放盐，配菜可根据家人的口味爱好搭配，尽量不要选择爱出水的蔬菜做配菜。

3. 腊肉好吃，但是一次性吃太多会让肠胃不舒服，少吃多餐是比较好的选择。

4. 腊肉虽然不容易坏，但是家庭存放腊肉的最好场所还是冰箱冷冻室，更能保持最高的安全性。

二、发酵食品

1. 发酵，一种恒久永流传的技艺

发酵，是指微生物分解有机物质的过程，是微生物对大自然发力的重要手段。自然界的发酵现象，始终都存在，这跟地球生物圈的存在有关，跟人类历史无关。

人类掌握发酵技术，可以沿着酒的历史轨迹追寻。人类存在几十万年，有文字记载的历史为上下五千年，酒的历史应该比文字记载的文明更加悠长。

随着自然科学技术的进步，发酵的地位越来越高，现代生物工程包括基因工程、细胞工程、酶工程、蛋白质工程和发酵工程等5个部分，发酵工程是其他4个生物工程得以产业化的基本载体。

没有自然界的微生物发酵，人类的存在意义有多大还真的值得分析；如果人类不掌握发酵，不仅仅生活会变得寡淡无味，可能生物科学的进步也要拖延几百上千年，今天的繁华市景会失去更多的华彩，生命的乐章可能会蒙上暗淡的阴影。

2. 酒、酱油、醋、味精，缺哪一样你都活得不滋润

发酵，浸淫着人类生活中的点点滴滴。柴米油盐酱醋茶，男人乐趣酒当家。生活中的调味料，调好你我的胃口，丰富舌尖的味蕾；醋是美女藏着的心，酒是英雄出世的胆；没有酱油，食无色彩，缺了味精，生活寡淡。食物被发酵，带给人的是欢悦，谣言被发酵，伤害的不只是个人，社会的灵魂也会遭到污染。被掌控的发酵，能使财富得以增加，文化得以繁荣；谣言的泛滥发酵，如失控的洪水猛兽，制造的是惊慌，得到的是灾难。

3. 传统的大酱，美味的酱豆，热炒的纳豆，都是我们的国粹

传统的大酱是北方人生活中的必备品，能做出味道独特的大酱，曾经是农家媳妇的傲人资本，出了门的女儿心里常常惦记娘家那不一样的大酱。随着时代的发展变迁，工业化的生产逐渐取代了制酱这门北方家庭代代相传的手艺，大酱的风味依旧，卫生保障和品质也有所改善，可是让人难以忘却的还是那带有自家风味的感觉。如今如果哪家自己做了大酱，除了留下一部分自家享用外，相当一部分都会作为珍贵的礼物送给乡邻亲朋。

无论是面酱，还是大豆黄酱，以及川味的豆瓣酱，都是发酵的美味。发酵的过程使酱品富含氨基酸，氨基酸不但能使味道变得非常鲜美，更是人体容易吸收的必需营养成分。黄酱中含有的亚油酸、亚麻酸，对人体补充必须脂肪酸和降低胆固醇均有益处，可降低患心血管疾病的概率，黄酱中的脂肪富含不饱和脂肪酸和大豆磷脂，有保持血管弹性、健脑和防止脂肪肝形成的作用。不过什么东西都有其正反两个方面，黄酱虽然营养丰富，对人体非常有益，但是黄酱里面含有太多的盐分，还是不宜食用过多哦。

说到大豆黄酱，很容易让人联系起美味的酱豆；而说到酱豆，那么目前热炒的日本纳豆也进入了我们的视线。酱豆、纳豆都是黄豆发酵的产品，但是纳豆披上了日本高科技的外套，再加上媒体和保健市场的热炒，这个"舶来品"似乎更具有一些神秘色彩，身价也因此高出不少。其实，归根究底纳豆源于中国（即老百姓平时做的"酱豆"），是货真价实的我们中国老祖宗智慧的结晶。古书记载纳豆自中国秦汉以来就开始制作。日本的纳豆源自中国，大约在奈良、平安时代由禅僧传入日本。日本也曾称纳豆为"豉"，平城京出土的木简中也有"豉"字。与现代中国人食用的豆豉相同。由于豆豉在僧家寺院的纳所制造后放入瓮或桶中贮藏，所以日本人称其为"唐纳豆"或"咸纳豆"，日本将其作为营养食品和调味品，中国人把豆豉用锅炒后或蒸后作为调味料。

大豆经过纳豆菌的发酵变成了纳豆，而大豆中不溶解的蛋白质发酵成氨基酸，原料中本不存在的各种酵素会由于纳豆菌及关联细菌产生，帮助肠胃消化

吸收。纳豆的保健功能主要与其中的纳豆激酶、纳豆异黄酮、皂青素、维生素K_2等多种功能因子有关。纳豆中富含皂青素，具有改善便秘，降低血脂，预防大肠癌，降低胆固醇，软化血管，预防高血压和动脉硬化，抑制艾滋病病毒等功能；纳豆中含有游离的异黄酮类物质及多种对人体有益的酶类，如过氧化物歧化酶、过氧化氢酶、蛋白酶、淀粉酶、脂酶等，它们可清除体内致癌物质，并有提高记忆力、护肝美容、延缓衰老等效果，此外，它还能提高食物的消化率；摄入活纳豆菌可以调节肠道菌群平衡，预防痢疾、肠炎和便秘，其效果在某些方面优于现在常用的乳酸菌微生态制剂；纳豆发酵产生的黏性物质，覆盖在胃肠道黏膜表面上，因而可保护胃肠，饮酒时可起到缓解酒醉的作用。纳豆虽好，但是不要加温太高食用。纳豆菌有很强的耐热性，能在100℃的沸水中存活5分钟，但是主要的营养物质纳豆激酶却不耐热，加热到70℃活性就消失了。

说了这么多，大家肯定会产生一种感觉，纳豆比我们的酱豆更好。其实我们的酱豆制作和纳豆相仿，只是从来没有人对廉价的酱豆做具体成分分析，也还没有科研机构对比其与纳豆的功效。面对被炒作得沸沸扬扬的纳豆，我们面临的问题是，纳豆奇怪的味道让大多数人望而却步。而要让纳豆激酶发挥应有的功效，吃那么一两顿肯定是不解决问题的。

4. 火腿，最精致的发酵食品

因为发酵使鲜香味道走向极致的食品，当属火腿。名声最响的是中国金华火腿、西班牙火腿和被称为火腿之王的意大利帕尔玛火腿。不过据说历史最悠久的火腿却来自中国江西安福，因为那里有个武功山，火腿作为祭祀珍品发端于此，源于先秦盛于北宋，悠长的历史确实让人咋舌。除此之外，云南宣威、江苏如皋的火腿在历史上也颇有威名。

火腿的制作，据说有几十道工艺，历时两三年。"心急吃不了热豆腐"，用在这里比较贴切。火腿的"色、香、味、形"冠绝于世，进入商品时代后，捧红了金华和宣威。火腿技术通过马可·波罗先生的友情传递，走进斗牛圣地，被聪明的西班牙人传承，从此"西班牙火腿"在西方世界应声而起；意大利的帕尔玛火腿因为不含亚硝酸盐，以更加环保健康为世人称道。

火腿是有益微生物和生物酶共同展示才华的天地，因为有了火腿，我们的味蕾才有机会穿越，分享800年前祖先们精美饮食的风采。火腿性格温顺，味甘咸，能健脾开胃，生津益血，滋肾填精；还能对虚劳怔忡、脾虚少食、久泻久痢、腰腿酸软有食疗作用。不是药材却有药用功能的食材，带给人类的不只是精美的口感，很让人感怀。

5. 发酵食品安全，注意少食多餐

发酵是个好技艺，发酵食品的味道特别让人珍爱。但是好的东西，吃多了也会潜藏风险。腊味食品、火腿酸菜，人间美味不可多得，但是其中潜伏着亚硝酸盐，这是一个要人命的化学毒品，0.3～0.55克的剂量就能让冒失的食客魂归天界。

食用发酵食品的技巧，没什么大的讲究，少食多餐就可以避免亚硝酸盐的积累、躲开死神的关怀。腊味多蒸，酸菜配肉，火腿生吃或者做汤，都是民间习惯的技法，人类的聪明智慧，总能在味美和安全之间，找到平衡，获取灵感。

温馨小贴士

食用发酵食品注意事项

1. 长江、乌江赤水河沿岸的土壤微生物具有相似的特征，酒的发酵工艺和原理都一样，要说哪一家或几家的酒品质别的酒厂一定好，不太可信。酒的发酵时间长短是厂家的意愿，不是厂家之间的区别，为了商业炒作需要，一些名牌酒卖到一万元一瓶也不算高。如果是为了品尝美酒的滋味，选择那些品牌知名度不高，价格合适，但产地在沿江沿岸的厂家更容易找到高性价比的美酒产品。

2. 味精的学名叫谷氨酸钠，是一种氨基酸盐。它只是调味料，避免高温、少量使用不会有什么危害。

3. 酱油、醋、酒这样的发酵产品，吃不完不用倒掉，密封后放在角落里也不会坏，而且放的时间越长越好。豆瓣大酱也是一样的原理，不发霉是底线，发酵时间越长越好。

4. 做酸菜最讲究的是水。四川、重庆等地农村家庭的泡菜老根水沿袭了上百年，做出来的泡菜风味独特。说明酸菜类的微生物有灵魂，需要制作者好生呵护。朝鲜泡菜、东北酸菜、四川泡菜代表了不同特色，风味不同，各有千秋。

5. 在过去火腿生吃没有问题。只是在目前环境污染、食品污染比较严重的情况下，猪吃的工业饲料夹杂了一些有害物质，有可能带到人体内。鉴于现在的客观环境，不建议火腿生吃。不管是做汤还是蒸、炒，都需要熟透才安全。烹饪时不要多放调味料，更不要放酱油、醋等有色调味料，保持本味才能彰显火腿的魅力。

三、膨化食品

1. 膨化，让玉米变成花，让杂粮变得脆，优势不可替代

膨化，是一个奇妙的工艺，让原料在加热、加压的情况下突然减压而使之膨胀。膨化食品发端于20世纪60年代，以含水分较少的谷类、薯类、豆类作为主要原料，经过加压、加热处理后使原料本身的体积膨胀，内部的组织结构发生变化，从而让玉米变成花，杂粮变得脆，让人看了口水直流、唾沫横飞。

膨化食品种类繁多，面包、蛋糕让西方人的主食很风光，压缩饼干让军人的口粮简约不简单；雪糕冰激凌的透心凉让胃肠不再惧怕酷热的摧残；爆米花的蓬松如云征服了善于幻想的女性，生活因膨化而丰富，因膨化而多彩。

2. 蓬松的感觉，麻木着孩子们的神经

雪饼、薯片、虾条、鸡条，等等，花样繁多的膨化食品，多孔蓬松，口感香脆、酥甜，麻木着孩子们的神经，让他们爱起来魂不守舍，远远超过对其他食品的喜爱。膨化食品，凭借良好的口感和炫目的包装，引领孩子们追逐时尚、体验休闲，色香味的极致诱惑，很容易让他们警惕松懈。

学校附近的杂货店，是膨化食品泛滥的场所，学生的健康在那里受到隐性伤害，家长很痛心，老师很无奈。放学的路上，城市的孩子更喜欢在超市膨化食品的货架前流连忘返。孩子们处于心智不成熟的年龄，缺乏独立的分析和鉴别能力，只有家长们用心呵护，他们才能健康成长，社会关爱他们才有祖国的未来。

3.　膨化食品，味道胜于营养，多吃伤身不是传说

我们日常的主食虽然属于膨化食品，但是多是用食用酵母进行发酵的，经过发酵的食品含有更丰富的B族维生素，更利于身体健康。

但是类似爆米花和虾条、薯片这样的膨化食品对于健康是有损害的。这类膨化食品的主要问题是铝铅残留和糖精色素的危害。铝残留主要来自于膨松剂、包装材料和添加的明矾，身体蓄积过多的铝，会损害大脑功能，严重者可能发生痴呆；铅残留主要是在加工过程中金属管道在高温高压环境下的铅融，过多的身体蓄积，可能造成注意力低下、记忆力差、多动症、脾气古怪；糖精只是个化学甜味剂，除了在味觉上引起甜的感觉外，对人体无任何营养价值；人工色素多少有些毒性，会影响儿童神经系统的冲动传导，刺激大脑神经而出现躁动、情绪不稳、注意力不集中、行为过激，等等。

 温馨小贴士

食用膨化食品要小心

大家都说某些洋快餐是垃圾食品，殊不知多数膨化食品为了追求色、香、味加入多种调味添加剂和色素，比你概念中的垃圾食品还要垃圾。最脆弱、最需要呵护的儿童反而成为了这些极度垃圾食品的消费大军，家长需要提高警惕。

四、风味水果、蔬菜

1. 水果不是"添加剂"

草莓味饮料、哈密瓜味糖果、蜜桃味饼干……看到这些字眼我们的感官神经已经调出记忆中的味道，当这些美味进入口中刺激味蕾，并与记忆中的味道重合，我们感觉到美食的满足。可是你从这些食品中真正吃到草莓、哈密瓜或者蜜桃了吗？仔细看看食品的包装说明你就知道了，写着这些风味水果的食品中有相当一部分其实是不含有任何水果成分的，你品尝到的美味有可能是人工合成的水果风味香精，是它欺骗了你的味觉神经。本以为水果美味的内涵里还会有各种有益的维生素，却不知我们被色素和香精所欺骗。

草莓味可能来自于：食用香精+胭脂红

蓝莓味则可能来自于：食用香精+胭脂红+亮蓝

即使有些食品标明了含有草莓果汁成分，也请你仔细看看它所占的百分比。比如在某超市有一种草莓果冻，其成分中标明草莓汁含量0.27%。这么点草莓汁带来的营养成分是否可以忽略不计呢？

相当部分的固体果味饮料粉、果味饮料的口感都相当完美，酸酸甜甜的口感让我们以为真的是水果汁。不知你仔细看过这些饮料的成分表没有，也许当你读完成分表里那长长的一串成分名称外，你会产生疑惑，这成分表里的东西怎么和那些水果没有一丝一毫的关系，这以假乱真的口感原来全部都是人工调味。

饼干等小食品里面似乎会标明有草莓粉或者蜜桃粉等成分，可是不知道你仔细看过没有，这些水果粉多数都排名在各种添加剂的后面。食品成分的排名其实是有先后顺序的，在食品中含量较多的会写在前面，含量越少的越靠后。你想想水果粉的含量都排在了各种添加剂，甚至香精的后面，那它的含量能有多少？

当然只要是正规厂家生产的产品，各种添加剂的含量都是在合理范围内的，对身体也是相对安全的。只是这色香味俱全的背后缺少了水果应有的营养元素。你如果简单地把它当作解馋的零食偶尔过过瘾也就罢了，怕就怕有些人看到那些广告宣传真的把这些当作营养美味犒劳自己，抑或更有甚者将这些当作营养食品买给了孩子。

2. 果蔬的营养来自其天然的形态

水果就要吃个新鲜，追求的就是其自然的香味和口感，某些可以生食的蔬菜其实也和水果一样具有我们无法抗拒的魅力：黄瓜、番茄、胡萝卜这些口感清爽的蔬菜是不少人生活中不可缺少的美味，现在连苦瓜和芹菜也被列入不少人生食或者制作果蔬汁不可缺少的食材。我们暂且把它们共称为果蔬。

果蔬营养成分保持最完好的状态是在它新鲜的时候，而且是越新鲜，营养含量越高。诱人的果蔬是大自然的馈赠，是天然色香味俱全的美味。在有条件的情况下，吃新鲜水果无疑是你最好的选择。

水果除了外观能带给你感官的诱惑，其内涵的丰富营养也让人获益匪浅。这么丰富的营养我们既不需要蒸煮烹炸，也不需要费心制作，简单的清水洗净之后就能立享美味，这么好、这么健康的方便食品真是人类的福音。

每种水果所含的营养成分千差万别，又复合多样，按照自己的喜好和身体需要每天选择适当的水果是补充维生素和各种微量元素的最佳途径。

3. 自制果汁的营养，天下无敌

一个美食家一定会让各种食材的表现在自己的手中发挥到极致的。这时，简单的原生态的水果肯定不能满足这个极致的要求，榨汁也许会损失水果的部分营养，但是却带来了更多的赏心悦目和饮食乐趣，而且不同水果的美味搭配也让各种营养素进行了合理的互补。而且压榨成果汁后还能为更多人群提供食用的可能，没牙的小宝宝、牙口不好的老人、某些只能吃流食的病人都能从可口的果蔬汁里获得更多的营养。

小家电的不断创新给了我们更多自由发挥的空间，果汁已经不一定非要买包装好的"保鲜"成品，榨汁机、料理机，甚至某些豆浆机都具有鲜榨果汁的功能，在家自己制作鲜榨果蔬汁变得那么轻松惬意。

自制果蔬汁让我们告别了单一化的味道，各种功能果蔬的混搭提供了千变万化的味道，其营养功效更具有难以抗衡的魅力。

自制果蔬汁的好处：

（1）可以选你认为最好、最安全的蔬果；

（2）自己清洗更放心；

（3）随意搭配，口味多样，营养更均衡；

（4）现做现用，营养成分损失最小。

4. 仙果滋养的美丽

爱美是人之天性，而水果那鲜艳欲滴的模样也多和美人有所联系。

"一骑红尘妃子笑，无人知是荔枝来。"自古美人多爱鲜果，那时虽不像如今有了科技手段，能精确分析出各种水果的营养物质，但水果能滋养美人儿的道理却是不争的事实。

如今，实验室的各种精密仪器告诉你，水果这大自然的馈赠确能让美人儿更美。

美白几乎是所有女性的终极追求，市场上打着美白旗号的护肤品往往是销量最好的产品之一。而新鲜水果中富含的维生素C恰恰是具有美白作用的。维生素C是极佳的抗氧化剂，能有效控制细胞内的氧化还原，保护及抵抗紫外线的伤害，从而预防皮肤老化，同时也能促进细胞组织再生。它的另一功效是促进真皮层骨胶原的合成，使皮肤恢复弹性，从而更好地预防皱纹的出现。在美白祛斑方面，维生素C能抑止色素母细胞沉积，不仅可以预防黑斑及雀斑，还能将多余的色素排出体外，改善暗哑的肤色，令皮肤变得白皙明亮。

紧致的肌肤是年轻的象征，谁不梦想终身拥有丝绸般光滑的皮肤？果胶这个词相信大家都不会陌生，它是植物中的一种酸性多糖物质，其主要存在于植物的细胞壁和细胞内层，为内部细胞的支撑物质，在保护皮肤、防止紫外线辐射、治疗创口、美容养颜等方面都具有一定的作用。最近又有人研究说，果胶，具有很好的减肥效果，因为果胶在小肠部分凝固成团状，可以吸附油脂和胆固醇；而且果胶在体内可与汞结合，使人体里的有害成分得以排出，使肌肤看起来更加细腻红润。

β-胡萝卜素相信大家都不会陌生，提起这个大家首先会想到胡萝卜，其实β-胡萝卜素是一种广泛存在于绿色和黄色蔬菜，以及水果中的天然类胡萝卜素，它可以抗氧化和美白肌肤，预防黑色素的沉淀，并可以清除肌肤中的多余角质。

水果中富含的各种营养是我们每天的新陈代谢所不可缺少的，它能让我们的肌肤更加鲜亮、紧致。随着"回归自然"潮流的盛行，瓜果美容成了时下不少女性的选择。然而，并不是所有的人都适合这种美容方法。瓜果敷面能有一定的美白嫩肤作用，因为瓜果中的果酸具有减少皮肤角质层的聚合力，降低角质层的厚度及去除角质的作用，同时，果酸还可以促进皮肤真皮层胶原蛋白的纤维增生及重新排列，而使皮肤变得光滑富有弹性，果酸也可疏通毛囊皮脂腺导管口，减少粉刺形成。但只有在果酸浓度低时才可以发挥美容的作用，果酸浓度超高时，具有强烈的腐蚀性，应用不当则对皮肤有很大的损伤，一般瓜果中果酸的含量都不太高，因此，瓜果对皮肤有一定美容作用。相对于价格昂贵的化妆品，利用瓜果美容可省时省力，被女士们普遍接受。但是，对于敏感体质的人来说，瓜果敷面可能会引起皮肤过敏。如鲜芦荟的芦荟甙和鲜芒果中的芒果甙善于吸收光线中的中长波紫外线，这些物质吸收光线后，转换成另一种致敏性很强的过敏反应，会引起局部红肿起泡。具有敏感体质的人，如误用这些水果美容，很容易发生过敏反应。可导致日光性皮炎的瓜果有黄瓜、西红柿、红葡萄、无花果、萝卜、土豆，等等。所以新鲜瓜果汁液不能随意涂敷在敏感体质人的脸上，对于易患荨麻疹、皮肤湿疹或支气管哮喘等过敏性疾病的人，用新鲜水果敷面美容更应谨慎。

水果美容最好的办法还是吃到肚子里，让它提供给我们从里到外的美丽。

温馨小贴士

食用水果小知识

1. 水果保鲜是关键，长距离运输必然会对保鲜提出要求，保鲜剂的使用难以避免。选用当地水果比那些远渡重洋的水果更加安全。

2. 新鲜上市的当季水果比冷库存储很久的水果更有营养。

3. 水果绝大多数生吃最有营养，不要轻信厂家吹嘘说某些添加水果成分的食物更加营养。

4. 新鲜水果比那些货架上昂贵的果汁更经济营养。

第八章

食品包装安全，不被注意的角落

一、给食品戴个套，不是想的那么简单

1. 包装工艺，蕴含人类的大智慧

没有塑料包装的时代，走亲访友时送礼，腊肉用草绳，面条用报纸，大米用布口袋，鸡蛋用箩筐；年轻媳妇回娘家，左手一只鸡右手一只鸭，身上背着个胖娃娃……那时食品包装简单，生活显得纯朴，随着石油和矿藏的科学利用，塑料、金属包装登上了生活的大舞台，新的包装工艺改变了人们的理念，左右着人们的心态。

包装工业和技术的发展，推动了包装科学研究和包装学科的形成。包装学科涵盖物理、化学、生物、人文、艺术等多方面知识，属于交叉学科群中的综合科学，它有机地吸收、整合了不同学科的新理论、新材料、新技术和新工艺，从系统工程的观点来解决商品保护、储存、运输及销售等流通过程中的综合问题。包装学科通常分为包装材料学、包装运输学、包装工艺学、包装设计学、包装管理学、包装装饰学、包装测试学、包装机械学等分学科。食品包装在概念、材料、工艺技术、形态、视觉传达等多个环节，都充满了人类的大智慧，复杂绵长的产业链，养活的不只是庞大的就业人群，更让世界变得绚烂，文化得到繁荣，经济得到发展。

2. 方便食品让生活很方便

食品包装改变人们生活的最大成就是出现了方便食品。在食品不方便的时代，远足的人活得很艰辛，不能随身携带足够的干粮，会经常挨饿。饼干、面包、方便面、火腿肠、八宝粥，这些方便食品让远足的人生活很方便，旅途虽然辛劳，但不需要为吃饭发愁，也减轻了身背的行囊；夜宿不再求助乡村野店，日行增加了更多的信心和自豪。

方便的包装食品让很多年轻家庭改变了依赖厨房的理念，将更多的时间用来娱乐和休闲。一样的人生，不一样的活法，往源头追去，原来功臣是食品那一层薄薄的外套。

3. 包装是食品的安全防火墙

没有科学的包装，食品容易腐败还不容易携带。包装可以保护食品免受日晒、风吹、雨淋、灰尘沾染等自然因素的侵袭；防止挥发、渗漏、溶化、玷污、碰撞、挤压、散失以及盗窃等损失；包装还给食品流通环节的贮藏、运输、调配、销售带来方便，如装卸、盘点、发货、收货、转运、销售计数，等等。有了包装，食品便谈得上安全，包装的功能扩展，更需要突出保护食品安全的诉求。

4. 华丽的过度包装，将腐败和人情混搭，社会也有些迷乱

漂亮的包装，更容易调动消费者的胃口；华丽的过度包装，消减了食品本源的功能，在浮躁的社会，遮掩了人们的耳目，混淆了人们的视听，让人性

领导：
中秋节到了，送盒月饼，不成敬意。

爸爸：
这个月饼在楼下超市卖4块钱1个呢。

商品的豪华包装

迷失，社会迷乱。中秋节的月饼，一盒几百上千块，其实外包装比月饼本身更值钱；贵州的茅台酒，被夸大的概念包装，发酵的已不是酒，离谱的价格标杆，度量的是浮躁和腐败；当一瓶拉菲红酒被拉升到近两万元人民币的时候，演绎的就是一群疯子玩弄一群傻子的游戏；一斤龙井茶叶，最疯狂时被炒到十七八万元，喝进嘴里的哪里是茶？分明是商业社会人性的疯狂和荒诞。

 温馨小贴士

食品包装在不同情况下的使用

1. 食品塑料袋是聚乙烯和聚丙烯制成的，无毒，用于装冷冻或常温食品无害。但不建议将装着食品的塑料袋直接加热，大部分塑料受热都会发生化学变化。

2. 微波是一种比无线电波大很多的电磁波，可以透过塑料进入食物，使食物的水分子发生剧烈运动而产生热能。但是，试验证明，微波炉的高火仍然可以使塑料膜或塑料袋发生软化。所以，用微波炉热食物，建议最好使用瓷质和玻璃器皿，尽量避免使用保鲜膜或塑料袋。金属器皿会反射微波，达不到热食物的效果，所以不能用金属器皿在微波炉内加热食品。

3. 矿泉水瓶或饮料瓶不能用来装开水。这些塑料包装在70℃的时候就开始变形，并且会融出有毒物质，喝了这样的水人会慢性中毒。

4. 纸质包装和塑料包装都是可以回收再利用的产品，家里剩下的不要乱丢，分拣后通过废品回收站进入再生资源生产，既保护了环境又节约了资源。

二、包装食品，安全争议的热区

1. 美国火腿肠的恶心历史

有一个美国人拍摄的纪录片，名字叫作《食品公司》。它用纪实的手法介绍了美国食品公司的发展历史以及当下对美国社会造成的隐忧。其中有个片段讲述的是，在美国食品监管制度建立起来之前，一切仅靠资本家的本性来发展食品工业。当时的一家生产火腿肠的公司，为了追逐利润，毫无人性，生产火腿肠的原料仓库老鼠横行，老板就让工人将老鼠打死和原料一起绞碎做成火腿肠。我们无法对这个纪实资料考证，不过听起来实在让人恶心，希望那只是个传说，也庆幸这样的故事不曾在中国的火腿肠公司发生。

今天美国对食品安全监管严厉，也是因为经历过管理混乱、安全事故频繁、民众深受其害的时代，人民在忍无可忍的情况下，通过民主体制给政府施压，才有了现在的食品安全规范。世界各国借鉴他们的经验教训，可以少走很多弯路，快速建立食品监管的安全屏障。近20年中国食品安全的状况正在重复演绎美国迷失年代的沧桑和悲凉，这需要政府和民众共同努力，遏制食品生产企业和个体户的恶性蔓延，让他们尽早回归责任担当和规范行为。

2. 方便面进厨房，是谁的悲哀？

方便面是个好东西，味道好又方便，是人们在旅途中最贴心的肠胃伴侣。野外勤务、忙碌人群最愿意选择方便面作为首选食品用来充饥，它能提供充足的能量且味道鲜美、携带方便、价格合理，集众多优点于一身，让方便面稳坐包装方便食品的第一把交椅。

正是这些优点，也让方便面成为懒人最喜爱的食品。很多家庭都愿意成箱地将方便面扛回厨房，将简便作为懒惰的借口，代替热菜热饭的丰富营养，将一家人的生活过得七零八碎。一些不注意饮食节制的单身小伙、姑娘，更是让方便面成了他们整日整夜的营养保姆，把日子过得慵懒不堪。

方便面经过油炸，添加了足量的防腐剂、调味剂，包装桶或包装袋的材料也含有说不清楚的有毒成分。殊不知好吃好看的背面潜伏着有害物质慢性积累的危机，方便面用于旅途就餐和忙碌中解决饥饿的临时救济无可厚非，但如果将它取代了日常生活的正常饮食，只能说你的生活很悲哀！

3. 包装熟食品——包装材料的毒性说不清道不明

熟食品的包装大多用塑料和纸制品。不知道所谓食品级塑料袋和非食品级塑料袋的区别到底在哪个环节？如果只是含氯成分的差异，根本无法保证包装材料的安全。因为塑料是石油制品，含有双酚A（BPA），长期接触油脂会有化学反应，塑料里的有毒成分多少都有可能融进食品。最近闹得沸沸扬扬的纸质食品包装盒含荧光增白剂事件，让全世界人民吃了一惊，那种物质吃多了很可能让你得癌症。先别说接触食品的包装内壁是否真的涂过荧光增白剂，光听这种新闻就足以撞击民众脆弱的神经，搅得人心神不宁。

4. 包装外观的漂亮说明，不见得能代表真实

食品的外包装说明，大多设计华丽，文字花样繁多，大都说得天花乱坠。精明的商家为了达到良好的宣传效果，把十分的食品功效往往说成十二分，优点被夸大褒扬，缺点尽量掩藏；卖瓜的王婆，巧嘴的媒婆，跟商家比谁都得甘拜下风，自叹不如。

进入超市购物，多花时间研究包装食品的说明很有意义。消费者不要完全相信食品说明书的华丽辞藻，需要根据食品本身的特点做独立分析，越是说得好听的越要注意，配料表、净含量和营养成分表才是关注的重点。

药品行业、葡萄酒行业和洋奶粉行业不是很厚道，当资源集中在这些商家手里的时候，他们就滥用话语权，将换包装作为提价的借口，盘剥消费者，欺骗社会。一些造假制假者更是胆大包天，打一枪换一个地方，玩儿的就是换包

装游戏，让消费者防不胜防，政府监管也不可能面面俱到，从而给无良商贩留下了潜伏和捣乱的空间。

5. 包装生产日期，晃着你的眼

食品包装上都有生产日期，如果你认为那是代表产品下线的那一天，那你就太天真了。除了鲜牛奶、鲜面包那样的即食产品，几乎所有的包装食品打上的日期都是出厂走向货架的那一天。从产品下线到出厂，中间有一天或几天的库存间歇，防腐剂的作用就在这里解决问题。

不过，绝大多数包装食品，并不是到了保质期就一定会坏。企业打印保质期的时间多是显示政府对食品保质期政策的规定。所以，在超市购买食品，不能完全按照包装上印的保质期限长期储存，要少买勤买，尽快地食用，对身体健康才有更多的安全保证。

温馨小贴士

包装食品食用小提示

1. 大部分火腿肠都不会只是精肉，里面都含有磷酸盐、多种调味料、香辛料、防腐剂等添加剂。所以，火腿肠作为旅游食品或外勤工作者的食品很方便。家庭厨房有节制地使用也许更合理。

2. 在家食用方便面，建议用开水煮软煮熟。可以不用厂家提供的油料包，而改用自家厨房的调味料。还可以往方便面锅里加一些新鲜蔬菜或鸡蛋之类的食品，调和一下方便面的营养构成。

3. 除发酵产品外，普通的真空包装熟食品发生胀气，说明隔绝空气失败，食品已经腐败变质，千万不能食用。

4. 中小学生喜欢吃的小袋包装食品，大多没有营养而且有过多的调味料、调色料、防腐剂之类有害的物质，老师和家长要多对孩子提醒和控制。

三、包装牛奶，争议很多的食品

1. 牛奶的包装技术很前沿、很革命

包装牛奶及奶制品的生产工艺：

（1）鲜奶→均质→巴氏杀菌→灌装封口→巴氏杀菌奶。

（2）鲜奶→均质→冷贮→标准化→高温瞬间灭菌→无菌灌装封口→保鲜奶。

（3）鲜奶→均质→接种→发酵→标准化→无菌灌装封口→搅拌型酸奶。

（4）鲜奶→均质→灌装封口→发酵→凝固型酸奶。

牛奶是一种极易变质的营养食品，对包装材料的要求很高。目前，国内牛奶包装主要形式是薄膜类包装、纸质类包装、塑料瓶、玻璃瓶，等等。

常用的无菌包装形式包括无菌纸包装、无菌杯式包装、无菌铝/塑袋包装。用于无菌纸包装的包装纸实际上是一种复合材料，它是由纸、聚乙烯、铝箔、沙林树脂等多层材料复合而成。其中纸为结构材料，聚乙烯为黏结材料，沙林树脂为热封材料，而铝箔则为高阻隔材料。

无菌灌装技术，可以在室温状态下进行牛奶的生产灌装，从而保留产品的营养成分和风味特征，并可在不加食品防腐剂，不经冷藏的条件下，延长产品的保质期，符合人们崇尚安全、健康饮用的心态。采用无菌包装技术，还可以降低产品包装成本。由于杀菌、灌装等生产程序均在常温状态下进行，厂商可选用价格低廉的不耐热PET包装瓶，并可根据产品特性设计使用各种形状独特的包装瓶，以满足人们的时尚需要。

包装牛奶的大多数材料都是不耐热的，所以现在很多人为了喝热牛奶方便，把牛奶袋直接泡进热水里加热的方法是很不科学的。正确的做法是把盒装或袋装牛奶剪开，倒入玻璃杯中用微波炉加热或把玻璃杯放在热水中烫热。

2. 包装牛奶，成本高昂，高温灭菌让营养流失

包装牛奶是一个性价比很低的产品，为了那口并不纯正的牛奶，你付出的钱大部分并不是用于购买牛奶，而买的是牛奶以外的附加成本。那些号称能放几个月甚至一年都不坏的牛奶，多用的是纸盒包装。其中几乎垄断牛奶包装市场的"利乐包"是由纸板、聚乙烯和铝箔等6层材料复合而成。用这种包装需要配合高温灭菌技术，才能延长牛奶的保质期。

所谓高温灭菌技术就是将牛奶瞬间加热到135～140℃，并要维持1～3秒的时间，这样做可以将牛奶中的有害细菌杀死再经过无菌包装，就能达到厂家需要的目的。由于温度越高，对牛奶的口感和蛋白质等营养成分的破坏就越大，因此超高温灭菌奶的营养成分流失很大。我们在选择食用牛奶制品方面需要有智慧，只看广告不看营养的做法得不偿失。

3. 你出产品我来选，博弈更容易出精品

中国的牛奶产业规模大而不强，绝大多数模仿西方发达国家的生产方法，很少有自己的创新。超市里的产品，不管是哪个品牌，牛奶的质量都大同小异，不同的是知名度大小，奶业巨头们拼的不是技术也不是服务而是广告，老百姓是不是被忽悠只有天知道。

目前的状况是，牛奶公司和消费者之间信息不对称，消费者不明白奶牛饲养和牛奶生产的过程和方法，就无法掌握牛奶产品的安全信息，只能听牛奶公司单方面的说教。三聚氰胺事件以后，人们就不太相信牛奶公司的任何宣传，心理上对牛奶公司产生夸大的无理由抵抗，消费热情大减，严重打击了国内牛奶公司的经营业绩和发展冲击力。

合理的产业状况应该是，让消费者和牛奶公司做到信息对称。消费者只有全面了解牛奶的生产过程和运输贮藏工艺，才不会有安全的顾虑，从而建立起对牛奶公司的信任。所以，大型牛奶公司应该在城市郊区的奶牛场设立参观区，建立消费者参观长效机制很重要。让消费者与奶牛之间零距离，能亲眼看

见奶牛的饮食起居和牛奶的生产过程，就会很快打消顾虑，从而建立牛奶公司和消费者之间互相信任的稳定关系。

 **温馨小贴士**

食用和储存牛奶的方法

1. 盒装纯牛奶虽然没有刚挤出来的原奶纯正，但是毕竟还是牛奶的主流。喜欢天天喝牛奶的家庭还是采购纯牛奶好。

2. 如果用微波炉加热，小火一分钟即可。不要将塑料奶袋或纸质奶盒直接放入微波炉中加热。

3. 大瓶装牛奶一次喝不完，需要放在冰箱冷藏室存放，常温下易腐败变质。

4. 牛奶不能放在冰箱冷冻室存放。牛奶冻结时，游离水先结冰，牛奶由外向里冻，里面包着干物质，随着冰冻时间延长，里面干物质含量相应增多，干物质不结冰，这时奶块外层色浅，里边色深，解冻后，奶中蛋白质易沉淀、凝固而变质。

第九章

保健食品、功能食品、食品添加剂的争议

一、我国的食品安全保障体系

说起食品安全，每个人都能头头是道地说出一堆安全事件，一堆注意事项，这些注意事项听起来每一样都似乎非常有道理，但是张三说的怎么和李四讲的截然相反？甚至电视节目、报纸杂志上一些专家的说法也大相径庭？面对这么多的不同声音，我们到底应该相信谁，怎样才能把关自己的饮食安全？其实，多一点专业知识，多一点思考，心里就会多一些踏实的感觉。

我国的食品安全的保障体系：

1. QS质量安全市场准入制度

我国对于预包装食品实施食品质量安全市场准入制度，强制性要求食品生产者向社会作出"质量安全"的承诺。并且在质量安全的基础上还分出了无公害食品、绿色食品、有机食品、保健食品这几大类。

符合质量安全的食品要求印有QS的小标签。

有了这个标签的食品就有了进入市场的通行证，否则，就不能上市销售。

2. 农业三品是什么？

农业三品就是无公害农产品、绿色食品和有机农产品。

无公害农产品是指使用安全的投入品，按照规定的技术规范生产，产地环境、产品质量符合国家强制性标准并使用特有标志的农产品。

无公害农产品

绿色食品是遵循可持续发展原则，产自优良环境，按照规定的技术规范生产，实行全程质量控制，无污染、产品安全、优质并使用专用标志的食用农产品及加工品。绿色食品分为A级和AA级。AA级绿色食品等同于有机农产品。

A级绿色食品标志（左）；
AA级绿色食品标志（右）

有机农产品是按照规定的技术规范生产，不使用化学合成的农药、兽药、肥料、饲料添加剂等物质，不采用基因工程获得的生物及其产物，并使用特定标志的农产品。有机农产品是目前国标上对无污染天然食品比较统一的提法。

3. 农业三品各自有什么不同？

无公害农产品、绿色食品、有机农产品三者都关注环境保护和食品安全，都要实施全程质量控制，特别是有机农产品更强调从种植（养殖）到储藏、加工、运输和销售各个环节的全程质量控制，即实施从土地到餐桌的质量保证体系，而且三者都必须由国家认可的认证机构认证。

而三者各自执行的标准不同。无公害农产品执行相应系列的农产品行业标准。无公害农产品的生产允许使用高效低毒农药和化学肥料。绿色食品执行中国绿色食品发展中心发布的各项标准。绿色食品A级允许限量、限品种和限时间地使用安全的农药、化肥、兽药和食品添加剂等化学合成物质，是有中国特色的安全食品和环保食品。有机农产品按照环保总局发布的《有机认证标准》进行认证，这个标准与国际有机标准完全接轨。

我们可以这样理解，无公害农产品是保障国民食品安全的基准线，绿色食品是有中国特色的安全、环保食品，有机农产品是国际上公认的安全、环保、健康食品。而且国际上只有有机农产品，并无绿色食品和无公害农产品，因为在发达国家消费者眼里，既然是食品都应该是无公害的。但是根据我国目前的生产环境和生产技术，估计这三者还会并存。

二、了解无公害农产品、绿色食品、有机农产品的真相，你我都很无奈

无公害、绿色和有机这几个说法基本成了高价的美丽代名词。我们不断地被某些夸大的噱头忽悠着，为了多一点点健康和安全，心甘情愿地慷慨解囊。可是这些戴着美丽光环的食品真的有经销商吹嘘的那么好吗？

1. QS认证是一道大门，挡住了预包装食品的隐患，漏掉了即食加工食品的安全监管

前边说过，所有预包装食品上市销售之前都必须取得QS认证。这也就是说国家对于经过预包装上市的食品已经从生产销售的各个方面把关控制过，可以比较放心地购买和食用。

可是问题出来了，那些现场制作的各种食品我们怎么才知道是否安全？目前超市、市场商铺等都有这样的即食加工食品在出售，这些地方出售的食品多以独特的味道和实惠的价格吸引着我们，可是当你食用的时候可曾考虑过它们的安全性？

北京在推行大型商场、超市现场制售食品视频监控系统。通过在大型商场、超市安装电子摄像头和显示终端，将现场制售食品加工、过期食品销毁的全过程在经营场所醒目位置直播，接受消费者的实时监督，强化经营者自我约束力，探索建立贯穿生产、流通、消费、退市、销毁全过程的一线式食品质量监控模式。

我们可以看到政府也在积极地想方设法将这些难以监管的问题管起来，问题是这些监控的录像是否有监管部门定时检查，录像能否监控所有加工过程。如果通过试行后感觉效果理想，是否还会继续推广到一些市场里，甚至餐馆

里？如果真的这样监管了，虽然我们的购买成本可能会增加，但是却能吃到更加放心的食品，为了健康，多花一点钱多数人还是乐意的！

2. 无公害农产品，因为监管级别低，对生产者起的作用有限

无公害农产品是保证人们对食品质量安全最基本的需要，是最基本的市场准入条件，普通食品都应达到这一要求。无公害农产品的质量要求低于绿色食品和有机农产品。无公害农产品认证是为保障农产品生产和消费安全而实施的政府质量安全担保制度，属于政府行为，公益性事业，不收取任何费用。从这个认证的特点我们可以看出，所谓的无公害农产品其实是保障最基本安全的产品，其监管级别相对比较低，基本谈不上有门槛。如果连这个标准都达不到，生产者就应该被关门停产。那些拿着无公害炒作的商家是不是在浑水里摸大鱼呢？

3. 绿色食品，有没有忽悠人的成分？

绿色食品是有中国特色的一种说法，也许是因为我们很难达到有机的标准，便在有机农产品的前端取了个相对安全的名称。

绿色食品认证的有效期是3年，过了这个"保质期"需要重新认证，所以大家还是要长个心眼儿，别被那过了"保质期"的绿色忽悠了。

再者通过绿色食品认证的程序比较复杂，但是通过认证之后的监管力度却往往跟不上，这期间就要考验生产者的诚信了，如果在认证之后不能严格执行绿色食品标准，那么我们消费者就只能花大价钱购买那些"被绿色"的食品了。

4. 有机农产品，一个触不到天地的概念产业，有多少人能消费得起？

有机农产品的认证标准相当的严格，生产环境、过程全都严格控制。目前

全球面临大气污染问题，要找到一片符合要求的净土谈何容易？如果不用任何农药，这么多病虫害怎么防治？单靠生物技术手段能不能达到消灭病虫害的要求？一旦大面积发生病虫害将会带来大量减产，怎么应对？想一想，按照这么严格的标准生产出来的东西不贵那才怪。当然如果真的让全部农产品实行有机生产，我们摒弃化肥、农药，对地球的生态环境将是一个巨大的贡献，但是真的这样做了怕是有一多半人要吃不上饭了吧？

5. 自家阳台种的蔬菜就有机吗？

农药、化肥漫天飞舞，不少人开始在自家阳台备些花盆或者在花园开垦一小块土地种上喜爱的果蔬，不施化肥、不上农药，产量不大，口感不错。但是这样的果蔬就有机吗？根据有机产品的定义，这样的果蔬显然达不到有机，因为土壤没有测定，处在城市中的空气同样没有测定，这样出产的果蔬还真不能算有机，说是绿色食品还比较靠谱。可见有机产品的生产难度有多大，所以消费者千万别轻信商家炒作的有机农产品了。

 温馨小贴士

购买食品小提示

　　1. 历史上那些所谓贡米，知名度很高的大米、面粉的产地如今大都被工业化了，所产的粮食已经失去原来的风采。商人们只是用它的辉煌历史来忽悠消费者而已，假冒产品还特多，购买这种大米、面粉时需要多个心眼。

　　2. 市场上打着绿色食品、有机农产品幌子的蔬菜、水果绝大部分不真实。不过，一些特殊水果原产地的风味还是更加纯正，异地种植的水果因水土气候不同还是略有差异。比如：吐鲁番的葡萄、哈密的甜瓜、大凉山的石榴、海南的木瓜等这类产品，原产地的味道不可替代。

　　3. 豆腐制作时的凝固剂有石膏和卤水两种。石膏豆腐安全性高些，卤水豆腐味道好一些。卤水又叫盐卤，对皮肤、黏膜有很强的刺激作用，对中枢神经系统有抑制作用，不可直接食用。

三、保健食品市场鱼龙混杂，要瞪大眼睛防受骗

现如今，食品极其丰富，我们生活越过越好，因此我们有了更多的精力来关心自己的身体健康。现在身边的老人挂在口头的一句话就是：现在吃点保健品，省得以后吃药品。保健品真的有如此神奇的作用，真的能让我们以后不吃药吗？

1. 保健品不能说没效果，但性价比之低，真可以惊天地泣鬼神

保健品确切的名称应该叫保健食品，看到食品就应该想到，它本身并不是药，不能治病。保健食品是指声称具有特定保健功能或者以补充维生素、矿物质为目的的食品，即适宜于特定人群食用，具有调节机体功能，不以治疗疾病为目的，并且对人体不产生任何急性、亚急性或者慢性危害的食品。

保健品首先作为食品对人体应该比药品具有更高的安全性，不用医生开处方。我们完全可以按照其说明书介绍的内容有选择地食用，也确实有相当的食用者取得了不错的效果。可是一个你我共知的事实就是：不管什么东西打上了保健食品的标签，价格肯定不再亲民，能不能吃得起保健品也在考验你的经济实力。

问题是保健品生产成本真的有那么高吗？如果单看原材料，你很难想象它成品的价格会翻出好几番。原料被高科技摇身一变就身价百倍，我们付出的和获得的真的成正比吗？

如果保健食品能够在确保效果的前提下，降低成本，亲民销售，这个市场也许会更加繁荣。

2. 比卖保险者更能说的是卖保健品的人

没有金刚钻，别揽瓷器活。你要没有三寸不烂之舌，还真干不了保健品的推销。虽说不用上知天文，下晓地理，也不要有多高的学历文凭，但要反应敏捷，口若悬河，假装精通医术，最好也假装贴个中医世家，名师嫡传的标牌。在这一大堆的名目之下，消费者不被忽悠到掏钱还真需要点知识和定力。

3. 骗老人上当，成了保健品行业光天化日之下的勾当，警察无奈，子女没辙

保健品行业打着免费体检、免费旅游的幌子吸引着有大把时间的老人；卖保健品的人笑得比花还灿烂，嘴里叫得比儿子还亲；以"知名"专家报告，"受益者"现身说法的保健品广告词铺天盖地。在这种炮火围攻下，不知有多少老人心甘情愿地掏出省吃俭用的积蓄，购买那些动辄数千上万元的天价保健食品和保健用品。凡是打着各种旗号免费给老人体检旅游的有几个能真正关心老人？他们真正关心的应该是老人兜里的那点退休金吧。

哪个子女不想自己的父母健康，谁也不想给老人添堵，对于这样的事情明

忽悠人的保健品

知上当，却也多数选择默认。可是当你厌烦了那花样翻新的把戏一次次上演，或许还会面临父母那不理解的质问：我花这点钱还不是为了你以后少为我们操心，减轻你们当儿女的负担？

人家没偷没抢，你心甘情愿地掏钱买东西，这个还真是个谁都不好管的事儿，民不举官不究，警察也拿他们没辙。

4. 有争议的保健理论

（1）关于排毒的理论。

人体新陈代谢的毒素产物包括毒气、毒液、毒物3种。毒素的产生场所是细胞，胃肠道和血管只是运输管道而不是产生毒素的场所，所谓肠排毒、血液排毒是对毒素产生原理的误读。人体排毒是一个综合的生物系统工程，每时每刻每秒都在进行着，排毒的通道包括皮肤、尿道、肠道。

静脉血管里的回流血液主要承载毒素的运输，毒气主要通过皮肤和肠道排出体外，毒液和毒物主要通过皮肤、尿道、肠道排出体外。要提高血液的排毒能力，主要是提高静脉血液的通畅能力；要提高皮肤的排毒能力，就需要保持皮肤的通透性；要提高尿道、肠道的排毒能力，就需要提高肾脏的功能、肠道的蠕动能力和尿道、直肠的括约肌运动能力。

"废气下泄"是人体毒气运行的基本原理，即使是胃气也应该通过肠道下行。出现口臭问题，有时不单是胃气上行，还有可能是肠气上行，新陈代谢返回的毒气从肠道通过胃和食道上行，是身体机能出现病兆的不正常的现象。

体内毒液的排出分两个管道，一个是从静脉血管渗透到体液，通过皮肤随着汗液排出，另一个是返回肠道，从尿道和肛门排出。汗臭一般体格强壮的人才会有，其实是说明皮肤的排毒能力强，可以减缓肠道、尿道的负担。老年人新陈代谢能力弱，通过皮肤排毒的能力也弱。从保健的角度讲，怎么提高老年人的皮肤排毒能力才是更好的课题。

毒物的数量和品种数不胜数，那些重金属元素、化学药物残留物、死细胞残留物、过剩的营养物质残留物都是通过静脉血管回流运输到肠道，通过大小便排出。保持大小便通畅是排毒的另一个重要课题。

目前，社会上的排毒保健品疯传的大都是具有肠排毒、血液排毒功能的产品，这些产品没有抓住人体排毒机理的要害，保健品商家关心的是赚钞票，并没有用更多的心思去研究人体毒素产生的机理，研究开发更有效的排毒理论和排毒产品。

（2）关于补钙的理论。

现有的自然科学理论有两大问题解释不了，形成的营养学误区和医学误区带来的问题有相似的现象。

第一个解释不了的问题是：空气中的氮气在动物体内循环的原理。很久以来的文献都说空气中氮气的含量占78%，氧气占21%，这个数据很容易通过测定来证实，所以可信度应该很高。没有氧气动物几分钟就会死亡，而空气中含量那么高的氮气跑到哪里去了呢？没有看到任何权威机构有关于氮气在动物体内循环利用的原理。仅仅按数量上推算，氮元素比氧元素和碳元素在自然界有更加重要的作用。

第二个解释不了的问题是：如大象、野牛等野生草食动物骨骼的钙形成原理。青草和树叶的营养物质真是像看起来那么简单吗？草食野生动物胃肠道的有益微生物经过对草和叶的转化，将钙磷物质积累到骨骼里去，但需要一个前提，草和叶里必须有足够的钙磷物质。那么通过检测，草叶类绿色植物的钙磷含量到底占多大比例呢？

现有的营养学理论和医学理论是，通过晒太阳，利于活性维生素D的形成，这种活性维生素D在肠道可以帮助钙的吸收。说到底还是要肠道里有足够的钙元素才有被吸收的源头，假如没有活性维生素D，而通过大量进食高钙食物，让肠道里比平常多出几倍甚至几十倍的钙元素是不是就可以弥补活性维生素D不够造成的钙吸收不足呢？阳光对于动物，可能远远不止提供活性维生素D那么简单！鉴于此，可以断定，人类医学界、营养学界关于钙的营养吸收和补钙理论是有缺陷的。

现实生活中，老人行动不便首先是气短，氧气供应不足造成营养物质转化效率低下，从而全身乏力。其次关节酸软疼痛是困扰老年人的又一大问题。骨头缺钙造成的现象应该是骨头疼，但绝大部分老人表现的是腰部髋关节、膝关节、腕关节酸软疼痛乏力造成行动迟缓。关节除了关节头含高钙物质，关节膜是结缔组织。不管是关节炎、关节膜老化还是其他什么原因引起的关节疾病都跟骨骼钙的缺乏没有直接的紧密关系。老年人的行动不便问题到底是骨头缺钙还是关节衰老引起的？如果通过补钙，将老年人的骨骼钙补足了而关节酸软疼痛问题没解决，老年人的行动一定会更加有活力吗？如果是关节衰老带来的问题，就不是仅仅通过补钙能解决的。

所以说，老年人可能解决关节活力问题比解决骨头缺钙问题更有现实意义。即使是补钙，单靠增加进食高钙食物也不是解决问题的最好办法。阳光和运动因素的重要性可能不亚于进食钙源物质的重要性。

（3）关于血压的理论。

动物的肌体，凡是有腔膛的地方就有压力。比如颅腔、胸腔、腹腔、血腔都有相应的颅压、胸压、腹压、血压，这些压力的存在是气压和液压两种压力形成的。所以中医讲血液问题，总是将气和血放在一起说。西医文献对血压形成的理论只说了心脏搏动产生液压的部分，实际上血管里的血液流动同时有气压的作用。不然静脉血液的回流压力只解释成心脏收缩压力牵引就有些说不过去，因为手指头、脚指头和头顶离心脏的距离足够远，所以单靠心脏的收缩液压是不行的。汽车轮胎达到一定的气压时就能承载汽车高速运动产生的压力，如果在这个轮胎内制造同样高强度的水压，是不能承载汽车的高速运动压力的。从运输工具原理上讲，血管相当于公路，血液相当于汽车，汽车可以装载各种各样的物体运行，血液也可以搭载各种各样的物质运行。它们面对的运行动力共同点是少不了气压的支撑。

如果承认血压形成理论有气压的存在，那么高血压的病理就不能只解释成看得见的血管壁弹性、血排量、神经感应等因素，还需要考虑看不见的气压动力损伤因素。在治疗高血压、高血脂疾病方面，除了相应的药物、饮食治疗外，保持气血通畅可能也是治疗高血压疾病的一个重要环节。

5. 行业回归正道，需要政府监管、企业自律、子女参与，老人更要谨慎

保健品在一些发达国家已经被多数人所认同，可是到了中国就被一些无良

商人钻了空子，加点所谓高科技的名目就变成了天价食品，专门忽悠人，更有甚者是专门忽悠老年人。

政府对保健品的监管还停留在产品本身，对于那些疯狂定价，甚至使用流氓手段骗取钱财的推销行为，还没有很好的打击办法。这就更要求我们擦亮眼睛，开动脑筋理智地判断。多数儿女还是希望自己的父母身体健康，为了父母的健康肯定不会吝惜金钱。但老人也不要轻易相信那些无良商家的吹嘘，在掏腰包之前最好多跟子女交流交流，或者上网搜一搜，看看网上网友的评论。在如今网络高速发展的情况下，骗子的行径如果想不露痕迹那是不太可能的，看看大家的评论再出手也不迟。否则当你交出省吃俭用的积蓄，一旦发现被骗，那时的懊恼心情，估计吃多少保健品也不能补回，没准儿还得往医院跑。

我们的理智消费将会让那些无良商家无法生存，也会促进中国保健品行业的良性发展，只有诚信经营才能走得长远，也将使消费者受益更多。

这种良性循环你我都在期待中。

 温馨小贴士

购买保健品注意事项

1. 老人痴迷某种保健品的时候，做子女的最好介入干预。虽然绝大部分保健品价格高，但多少还是有些作用的，只是性价比低而已。怕就怕遇到假冒伪劣产品，不但起不到保健作用，还有可能有大的毒副作用，祸害老人本来就虚弱的身体。那些打着具有很大疗效，并让老人停止服药的产品更要谨慎，防止保健品中违法添加药物，或者根本没有效果，耽误老人的正规治疗。

2. 各行各业的专家还是有真水平的，但是保健品行业的很多所谓"专家"其实水货比较多，是一些外行打着专家的幌子行骗。要了解保健和营养知识，参加街道居委会等正规单位组织的公益讲座比较靠谱。

3. 购买保健品时，多看看标注的营养成分，通过网络查询一下这些营养成分的真实功效或者搜索一下有类似成分的功能食品，可以少花很多冤枉钱购买不切实际的保健产品。

4. 对于夸大宣传的保健产品，一定要上网查查其备案情况。那些鼓吹有专利的产品也可以上网查查专利的真实性，如果其专利是对外包装申请的，那其产品的可靠性你可要留神了。

四、功能食品，是跟保健食品纠缠在一起的阳光食品，天地广阔

在网上搜索一下功能食品，你会发现它的概念比较模糊，和保健品的定义多数重合，区别似乎仅仅在于没有通过国家的保健品认证。大多数人认为功能食品就是保健品，其实这里说的功能食品可是大有天地。

1. 功能食品的定义

由于农业科技和生物科技的进步速度很快，功能食品的科技含量和生产工艺升级也很快，造成各个国家对功能食品的定义不断在变化。到现在也没有国际统一的权威定义，学术界、产业界大都按照自己的理解给功能食品下定义。在这种情况下，各国政府也没有办法将功能食品纳入监管的序列。

以现在的科学技术在食品生产的嵌入程度，可以将功能食品理解为：功能食品是利用微生物发酵技术、生物工程技术、细胞工程技术、精细化工技术经过复杂的生物学工艺培育的食品。产品原理是将某些对人体健康有益的功能性营养元素通过动植物的生物转换，培育出对人体健康有具体的功能指向，并且更少副作用的产品。

2. 功能食品与保健食品、药物的区别

（1）药物是通过大剂量使用某种物质成分，针对人的疾病病灶有针对性地产生作用，达到治疗疾病的目的。不管是中药还是西药，只要是药物都具有毒副作用，过量使用会出现中毒反应，危及病人的健康安全甚至生命安全。药物的特点是针对不同个体定时定量使用，一个处方不能简单地被其他病人使用，否则很容易发生危险。

（2）保健品是在某些有机或无机产品中，通过物理过滤或化学萃取的方

法提炼某一种或几种功能性物质，通过给有相应疾病的人长期食用从而产生遏制疾病复发或者强身的效果。保健品由于生产工艺都是物理或化学工艺，仍然具有副作用。保健品的特点是小众群体使用，跟药物不一样，一种保健品可以为相似病历的人群共同使用。

（3）功能食品主要是通过生物转化工艺将功能性营养元素转化到大众食品中，由于是生物工艺，所以功能食品基本没有毒副作用。功能食品的预防功能多于治疗功能，所起的作用在病灶前期。所以这种食品不针对特定小众人群，只要有类似病历的所有人群都可以使用，所谓"有病防病，没病强身"。

3. 功能食品安全性和营养强化食品

跟药物和保健品比较，功能食品有相对较强的安全性，生物转换特别是微生物的介入，可以对有害物质进行转化，将有害成分分解，从而避免有害物质的生物传递，使最终的功能食品不具有毒副作用。

现在市场上出现的一些通过物理混合的方法生产的营养强化食品，严格意义上说不能叫功能食品。比如往奶粉里添加一些营养物质，就叫配方奶粉，往牛奶里添加一些营养物质就叫保健奶、有机奶；往面粉里加一些微量元素就取一个好听的名字卖高价。这些通过物理混合或化学嵌入方法添加的产品叫营养强化食品，在很多国家也叫作广义的功能食品。

真正有特定意义的功能食品分两类：

功能食品PK营养强化食品

一类是将那些含有药物成分的原材料通过混入饲料的方式进入动物肌体，经过消化吸收的生物转换过程，将纯净的药物成分转换到食品中，从而使这些动物产品具有一定功能性作用。特别是鸡蛋产品，是功能食品的最好载体。

另一类是通过转基因技术将一些药物因子通过基因片段置换，使蔬菜或水果的靶基因含药物因子，病人通过吃这种食品就可以达到预防和治疗疾病的目的。因为是通过生物学转换，毒副作用很小或者没有，因此能让病人的身体更容易得到好的治疗和快速恢复健康。

4. 功能食品的产业发展现状

目前世界上只有日本的政府对功能食品做出了界定。他们将功能食品分为营养类功能食品和特殊用途类功能食品。营养类功能食品主要是添加营养强化剂，这些物质主要包括烟酸、泛酸、生物素、维生素A、维生素B_1、维生素B_2、维生素B_6、维生素B_{12}、维生素C、维生素D、维生素E、叶酸、钙、铁、锌、铜和镁等等，从而生产出功能饮料、功能酒、功能醋、功能大米、功能面粉等等林林总总的食品。

特殊用途的功能食品就是上节所说的通过生物转化的功能食品。

其他国家目前还没有将功能食品纳入政府监管序列，所以市场就比较混乱，功能食品的定义、概念也众说纷纭。各种机构和团体就按照自己的利益需要去给功能食品设计外包装，消费者看着都摸不着头脑，晕晕乎乎的容易上当受骗。

我国的功能食品产业还处于发展初期阶段，市场上叫卖的绝大多数属于营养强化食品，容易跟保健品混淆，消费者常常需要多掏冤枉钱买那些名不副实的产品。真正对高血压、高血脂、糖尿病等公众性富贵病有预防和治疗作用的主要是功能性鸡蛋等少数产品，个别企业的功能性鸡蛋食品经过医院阶段性临床验证，确实有不错的效果。转基因蔬菜水果类型的功能食品是科研前沿产品，目前大多不具备产业化条件。

5. 功能食品的战略发展空间

功能食品的技术成熟和产业化推广，将在很大程度上提高社会人群的整体健康水平，可以大大降低病人的增幅，减少药物和保健品的社会需求。

营养强化剂类型功能食品的实际作用虽然不大，但是如果监管和引导得当，可以在目前环境污染和食品污染严重的情况下，合理使用，可以有针对性地缓解污染物质给人体带来的危害程度。问题是这种浅层次的生产工艺，门槛低，如果监管放松，在商业利益的驱使下很容易产生异化，反过来伤害民众的身体健康。

真正值得政府大力扶持和社会大众关注的是特殊用途的功能食品，对大众化疾病有较好的预防和治疗作用，在当今的社会环境下是很有必要的。特别是三高疾病在我国的泛滥几乎成为不可阻挡之势，发病年龄越来越小，病人身体耐药性越来越大，社会人群在食物比以前充足的情况下健康状况却越来越差，是一个很值得警惕的现象。

通过生物转换的功能食品没有或很少有副作用是它值得大力推广的关键。具有亚健康现状的消费者在没有病灶出现的情况下适量吃些功能食品可以很好地预防疾病的产生，提高自身对疾病的抵抗力。已经出现病理反应的人群多吃功能食品至少可以减轻或缓解疾病出现的严重程度，帮助病人得到很好的治疗。

温馨小贴士

购买功能食品注意事项

1. 亚麻籽油、红花籽油属于天然功能性产品，有高血压、高血脂病人的家庭，间或用这些具有保健功能特质的食用油拌凉菜或低温烹制蔬菜，对病人有很好的保健作用。

2. 一些通过农业生物技术手段将保健营养因子转换到鸡蛋等食品里的功能食品，能规模化组织生产。这种产品技术含金量高，一般的小作坊企业生产不了，所以在选择的时候需要特别注意鉴别和选择正规的生产厂家。

3. 营养强化食品适合普通人群广泛食用，不过这种产品在国内好像有泛滥成灾的迹象，很多打着富含微量元素、维生素的强化食品不见得真有什么效果，购买时需谨慎选择。

五、实事求是说食品添加剂

听到食品添加剂，大多数人的反应是：这可不是什么好东西，没有添加剂的食品才更安全。可是事实却并不是这样的。

先讲个故事：夏日打酱油

30年前的一个夏天，一个孩子手提一个酱油瓶去国营小卖店打酱油，刚好碰见店员正在清理酱油。她一只手拿起盖在巨大酱油缸上的盖子，另一只手拿起一个漏勺，一丝不苟地一勺勺地从缸里盛出几条蠕动的白色虫子。半晌，她感觉清理干净了。

她抬起头问："你要什么？"

"我、我打一斤酱油！"孩子回答。

然后，刚刚被清理过的酱油有一斤被倒入了孩子的酱油瓶。

这应该是出生于六七十年代人儿时的记忆，当年生活在条件较好的大城市都是这样一番景象。你完全可以想象一下条件稍逊或者更差的山村里打酱油的生动画面。

当年的食品绝少使用添加剂，也没有现在的生产环境和产品包装。我们能说那样的食品比现在更加安全吗？

1. 什么是食品添加剂

食品添加剂是有意识地少量添加于食品，以改善食品的外观、风味和组织结构或贮存性质的非营养物质。

食品添加剂具有以下三个特征：一是人为加入食品中的物质，因此，它一般不单独作为食品来食用；二是既包括人工合成的物质，也包括天然物质；三是加入食品中的目的是为改善食品品质和色、香、味以及为防腐、保鲜和加工工艺的需要。

添加剂能给食品工业带来许多好处：预防变质、延长保质期、提高稳定性。

2. 正确使用添加剂很必要

如果说为了防腐，为了强化营养的添加剂很必要，那么有些添加剂却实在是生产者的无奈、消费者的悲哀。市面上的食品琳琅满目，让人眼花缭乱。几乎没有例外，我们总是被色、香、味俱佳的食品诱惑着。商家为了竞争，不断地追求色、香、味的极致，不断地研制出种类繁多的添加剂，竞相满足大众的要求。面对这样的状况我们也只能无奈接受。

当然在我们无奈接受的同时，也大可不必恐慌。国家在添加剂的使用上有着非常严格的要求。哪些产品可以当作添加剂使用在食品当中，使用的合理剂量是多少，都有着非常严谨的数据。这些数据绝对不是凭空而来，都有着科学的实验基础。所以我们购买的正规厂家生产的食品中，添加剂都是符合标准的，而且其中相当一部分添加剂是确保食品安全所必需的。

3. 可怕的不是添加剂

我们之所以谈添加剂色变，除了当今网络信息发达，被一些不确定的信息混淆视听外，一些食品安全事件的刺激也让人们对添加剂格外地敏感。著名的"一滴香""吊白块"苏丹红、三氯氰胺至今仍让我们心有余悸。不过你可知道，这些东西并不属于食品添加剂，它们全部都是非食用有害化学物质，是国家明文规定禁止添加到食品中的。

确保食品安全，不是要消灭食品添加剂，而是将食品添加剂的使用控制在可接受的范围内。同时，尽力防止和严厉打击向食品中添加非食用物质的行为。

4. 餐馆中的添加剂有些失控

嫩嫩的肉丝、鲜美的汤汁、诱人的鲍鱼捞饭、香甜的自制糕点、爽口的鲜榨果汁，这些饭店提供给我们的美味食品里面有没有添加剂？

我们是不是也曾有过这样的疑问：为什么家里的炒肉丝赶不上饭店的嫩滑？人家饭店煲的汤肯定有独门秘诀，要不怎么那么鲜美？家里榨的果汁一小会儿就变色了、有沉淀了，饭店的鲜榨果汁真好喝……

一些餐馆做出的美味鲜汤中多有添加增鲜剂，增鲜剂是甲基环戊烯醇酮、乙基麦芽酚、丁醇等几种香精的混合物，这几种物质都属于允许使用的合成香料，可在食品中适量使用。

餐馆鲜榨的果汁中为了品质的稳定、颜色好看、口感更好多数添加了稳定剂、增稠剂、色素和香精。

还是前面说过的，只要是正规生产的添加剂，只要使用剂量合理，对人体是相对安全的。餐馆中大多数是由厨师根据个人喜好酌情添加，这就造成了添加剂使用剂量的不规范。

政府目前正在下大力气整治餐饮业不规范使用添加剂和违规添加物，并且加大了检查和处罚力度。对于火锅、鲜榨果汁中的添加剂要求明示，这些政策的出台给我们的用餐逐步提供更加安全的保障。

相对于使用添加剂制成的美味菜肴，目前"裸烹"开始流行。何为"裸烹"？所谓裸烹就是回到我们很久以前的烹饪方式，做菜的时候只用传统的油盐酱醋、辣椒花椒大料、葱姜蒜等调味料，而不是为了追求完美的口感，添加一些稳定剂、增稠剂或者嫩肉粉等。已经有餐馆在推行"裸烹"计划，我们在等待餐馆"裸烹"的同时，能不能率先在家庭厨房中实现"裸烹"呢？

温馨小贴士

"裸烹"新概念

"裸烹"是值得推广的理念。油盐酱醋、辣椒花椒大料、葱姜蒜这些基本的调味料足够烹饪出任何高级食谱。餐馆那些稀奇古怪的调味料还是慎用的好。毕竟餐馆不是天天吃，家里的饭菜才是长流水，不需要奢华，简单健康才最好。

第十章

吃对了，就安全

一、安全地吃

各种食品安全事故的出现，多少给我们的生活带来了些许恐慌。但是恐慌归恐慌，日子还得过，东西还得吃。与其吃得胆战心惊，不如对食品多些了解，踏踏实实地享受美味。

1. 纯天然就安全吗？

很多人喜欢纯天然，迷信纯天然，好像什么东西只要打上纯天然的旗号，就是超级好的食品，吃的时候心里就特别踏实。其实纯天然真的很好吗？真的很安全吗？

纯天然从字面上理解应该就是自然环境下生长的，不过自然生长也有很多说法：生长环境安全吗？生长过程施加的农药化肥安全吗？采摘和存储过程安全吗？问了这几个问题后，不用再说，你也知道仅凭一个"纯天然"就感觉良好是否有道理了。

在我国目前的食品认证项目中，还没有"天然""野生"等行业标准。那么我们看到的食品包装上这些打着"天然""野生"字样的，基本处于信不信由你的范围。话说回来，天然的植物中还有相当一部分是属于有毒的，有些不能食用，有些加工方法得当才能食用。比如野生的蘑菇种类太多了，在没有专业人士指导的情况下，千万不可随便食用；再比如河豚，民间有"拼死吃河豚"之说，可见这超级美味的危险性。就连我们餐桌上的常客四季豆加工不熟也有相当的毒性。

"纯天然"怎么才能纯？其实即便野生的植物也会受到现代工业的影响，所以在现实生活中一味地追求纯天然往往被某些不良商家钻了空子。

食品的安全与否与是否纯天然没有必然的关系！它只取决于食品的取材安

全、生产过程安全、存储运输安全和销售渠道安全。

再说回来，天然的东西更指原来形态的食品，比如从地里拔出来的萝卜、白菜，树上摘下的苹果、香蕉。那些已经被加工成了精美包装食品的还能叫天然吗？

2. 食品安全我们相信谁？

漫天飞舞的广告，铺天盖地的宣传，我们常常被商家牵着鼻子走。上了几次当后，是不是应该把广告宣传的产品好好过滤之后再相信？即便有些知名的食品生产企业，也很难完全确保不陷入食品安全的信任危机。当我们在媒体上看到某某知名企业的食品曝光后，心里的不安就会增加，可能在相当一段时间内，都会避免去触碰这个品牌的产品。

就一个知名企业来说，企业形象是企业赖以生存的根本。当产品出事了，被曝光了，企业内部能不紧张吗？还能继续让同样的事情继续发生吗？现代社会的信息如此发达，媒体人如此敬业，食品安全这样敏感的社会问题，总会有那些有良知的人持续关注。所以从大的方面来说，出了问题，企业肯定会下大力气整顿，后续的食品应该更加安全。

问题食品的不断出现恰恰从另一个侧面反映了广大群众的眼睛是雪亮的，总有很多有良知的人士站出来揭露真相，给我们敲响警钟。每个食品安全事件的发生和发展也同样促使我国食品卫生监管部门及时调整相应监管范围，加大监管力度。

再者，为什么近年来食品安全问题更多了？是因为商家受到金钱的诱惑更加黑心了吗？这种说法并不全面。以前信息不如现在畅通，我国的网络从1997年开始快速发展和普及，国内Internet用户数自1997年以后基本保持每半年翻一番的增长速度。据国家互联网信息办公室统计数据，现在中国手机上网用户约3.5亿人，微博注册用户已超3亿人。2012年中国网络迎来"5亿网民"时代。这个数字说明了什么？上网更加便捷了，就连偏远一些的小山村也有网络了，信息随着网络的迅速发展传递得更加顺畅和快捷了，以前隐藏在黑暗中的不良商家藏不住了，逐步被揪出来，曝光在光天化日之下。

每个事情都有它不同的层面，如果就食品安全事故本身来说，这些事故肯定是一件坏事，但是再看看由此引发的一系列市场清查和标准调整，很难说不是一件好事。从古至今，人们的认知和管理水平都是以这种螺旋式的方式上升着。真的没有必要为了发生过的事件纠结不休，影响了我们的心情。

3. 我的安全我做主，不轻信、不盲从

心情不好，每天都处在猜疑之中，总是怀疑我们吃下的食物有着这样或者那样的问题，忐忑不安带来的后果将从心理影响到生理。也许我们吃的东西没什么问题，倒是糟糕的心情给我们带来了痛苦！

从对自己负责的角度讲，吃进嘴里的东西尽量从正规的商家购买。正规企业毕竟资金充足、设备和人员配备完善，具有一整套的从选料、生产加工、存储到运输销售方面的详细规划和具体实施方案，且能认真地执行国家的相关规定，按照比较高的标准进行生产。这样的企业生产的产品可信度较高，质量安全有保证。我们不要过度纠结某些企业的一两次错误。退一万步讲，如果这些正规军你都不相信，那些无名、无照的小作坊你会觉得更加安全吗？

网络的飞速发展带来的不仅仅是信息的高速流动，某些不专业的消息，甚至某些负面信息也随着网络更加迅速地传递。如果对于这些信息不加选择地全盘接受，我们会一直游离在安全感的边缘难以自拔。

4. 营养美食，吃对了才安全

琳琅满目的美食处处可见，四季皆有的丰盛蔬菜也在丰富我们的餐桌，同样的东西，怎么张三吃了很好，李四吃了却开始拉肚子？要说食品不安全，可是你我身边大多数人仍然身体健康，只有个别的人得了这样或者那样的疾病。大家生活的环境是一样的，所能采购的食品也是同样的，可是有人健康，有人生病；有人身材匀称，有人臃肿肥胖。原因在哪里？归根结底，还是大家的生活方式不同，饮食方式不同，健康的生活方式和饮食方式才能给你带来更加强壮的体魄。

民以食为天，食以安为先。饮食的安全从古至今就是人们关注的重点。古

时的中国没有化肥，也没有农药，食材本身相对现在简直是太安全了，那为什么在那时也有人关注饮食安全？因为再绿色的食品，吃不对也不健康，不安全。

唐朝时，杜绝有毒有害食品流通。根据《唐律疏议》记载，如果食品变了质，食品的所有者必须立刻销毁食品，否则要被杖刑；不销毁有害食品，送人或继续出售，致人生病，食品所有者要被判处徒刑一年；如果这种食品致人死亡，食品所有者则要被判处绞刑。别人在不知情的情况下，吃了本应被销毁但未被销毁的有害食品而造成死亡，食品所有者也要按过失杀人来处罚。古人尚且如此，现代人当然更需要对食品安全有正确认知。

有毒有害不能吃，过期变质不能吃，这些道理大家都懂，可是还有些细节问题，如果不注意，也会带来安全隐患。

比如很多人情有独钟腌制菜品，但如果食用不当会摄入过量的亚硝酸盐，有比较强的致癌性。一般说来亚硝酸盐来自于蔬菜中含量较高的硝酸盐，蔬菜吸收氮肥或土壤中的氮素，积累无毒的硝酸盐。在食品的腌制过程中，起初硝酸盐被一些细菌转变成有毒的亚硝酸盐，从而带来了麻烦。之后，亚硝酸盐又渐渐被细菌利用或分解，浓度达到一个高峰之后又会逐渐下降，乃至基本消失。一般情况下，腌菜中亚硝酸盐含量最多的时候是开始腌制以后的两三天到十几天之间，所以腌制蔬菜最好20天，甚至一个月后再食用，这样就比较安全了。

再说烹饪时间，有些食物含有天然毒素，这些毒素经过加热、熟透能够被分解，所以加工这类食物的时候一定要煮熟，煮透，才能避免中毒。扁豆中含有一种称为皂甙（也有称为皂素）的天然有毒物质，加工不当可引发食物中毒。扁豆中毒潜伏期短，一般2~4小时，中毒者会出现恶心、呕吐、腹痛腹泻、头疼、头晕、心慌胸闷、出冷汗、手脚发冷、四肢麻木、畏寒等症状，经及时治疗大多数病人在24小时内即可恢复健康，无死亡。扁豆的加工方法是要以破坏这种有毒物质为原则，煮熟煮透，均可有效破坏其中的有毒物质。还比如豆浆，也一定要煮沸、煮透才能饮用。

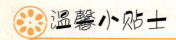温馨小贴士

日常饮食安全注意事项

1. 在蛋鸡、蛋鸭饲料里加色素，蛋黄就会变红，只是添加的这个色素如果是天然食用色素就不会有安全问题。如果是苏丹红之类的化学色素就是毒品，需要特别小心。

2. 地沟油经过化学处理后，外观跟普通食用油一样，很难分辨。靠谱的办法就只有去正规的大型超市购买食用油。那些贩卖地沟油的商贩大都把劣质油悄悄卖给贪图便宜的小餐馆和养殖场，暂时还不至于胆子大到向大型超市兜售。

3. 蔬菜水果不管是大山来的还是大棚来的，产地并不能保证它的安全性，安全保障在使用之前的清洗。

二、营养地吃

1. 多些知识，少些盲从

（1）人体是非常复杂而又精密的机器，它自身具有适应环境并作出调节的机能，当我们身体健康，并且每天摄入的饮食营养物质均衡，就能够满足机体的需要，我们人体自身对污染是有排毒功能的。再者，有些营养物质也具有解毒功能。例如，牛奶蛋白可以与汞等重金属元素结合并排出体外。维生素C能够阻止致癌物亚硝胺的合成，从而保护人体。因此，如果常吃腌菜、火腿、香肠等含亚硝胺较多的食品，就应当额外补充维生素C。维生素C还能降低苯类化合物和某些重金属物质的毒性，是重要的抗污染营养素。钙能够使进入骨骼的铅污染保持"不活动状态"，减少铅对机体的危害。如果人体缺钙，骨骼中的钙就会被溶解出来用以维持血液中钙的浓度，使铅也一起溶解出来，重新对机体造成危害。

（2）食品烹饪中减少各种维生素流失。先说维生素C，维生素C的主要作用是提高肌体免疫力，预防癌症、心脏病、中风，保护牙齿和牙龈等。它在人体的作用非常重要，但是由于它易溶于水的特性，在加热和碱性条件下会被破坏，还易被氧气破坏，被日光分解，是最容易被破坏的一种维生素。如果我们烹饪中注意以下几点，就能减少维生素C的流失：①对于蔬菜可以先洗后切，先洗后切还可以防止有害物质从切口进入蔬菜内部，切后不浸泡；②做馅料的时候尽量不挤汁，若不得不挤汁，可以用挤出的蔬菜汁和面；③在烹饪中挂糊勾芡可以给蔬菜穿上保护衣，减少水溶性维生素的流失。

菠菜等富含草酸的蔬菜，通过焯烫的方法可以溶解大部分草酸，这样可以减少草酸对钙质的影响。可是减少了草酸的同时也容易破坏维生素C。这时我们可以采用绝氧焯烫的方法，一旦温度升高维生素C分解酶开始分解维生素C，但是当温度升高到95℃以上时可以钝化维生素C分解酶，这样就能使维生素C少分解一些。可以采用将蔬菜迅速浸没在大量开水中的方法，高温绝氧焯烫。焯烫的时候注意水要多，也可以在水中加些食用油或料酒，这样焯烫出来的蔬菜维生素C可以保存70%以上。

维生素C喜酸怕碱，炒菜的时候稍加一点点醋，也可以避免维生素C的流失。

再说B族维生素。B族维生素包括维生素B_1、维生素B_2、维生素B_6、维生素B_{12}、烟酸、泛酸、叶酸等。这些B族维生素是推动体内代谢，将脂肪、碳水化合物等转化成热量时不可缺少的物质。如果缺少B族维生素，则细胞的新陈代谢功能马上降低，引起代谢障碍，这时人体会出现怠滞和食欲不振。关于B族维生素的好处不多说，这里主要讲如何在日常饮食中确保更多B族维生素的有效摄入。

B族维生素全是水溶性维生素，在体内滞留的时间只有数小时，必须每天补充。B族维生素广泛地存在于我们日常饮食的瓜果蔬菜、肉蛋禽畜当中。同样由于其溶于水，需要减少溶于水带来的损失。面食在发酵过程中酵母会产生大量的B族维生素，还可以保护食物中的维生素，每天食用一些发酵的面包、馒头之类，是安全有效，且经济实惠地补充B族维生素的方法。

上面说的都是水溶性维生素，还有一类脂溶性维生素。顾名思义我们可以简单地理解为它们是可以溶解在油脂中的维生素。因为其不溶于水，似乎不容易损失，但是如果不注意烹饪和食用方法，我们能够有效利用的数量也有限。凉拌蔬菜时可以稍微加些油，另外制作肉质食品时焯肉的汤里也含有大量溶解的水溶性和脂溶性维生素，如果将焯肉的汤除去浮沫后澄清，然后继续用它炖肉将能保存更多的维生素。

2. 平衡膳食，合理营养

人体是个复杂的生物化学工厂，如今科技高速发展虽然能够解读多种人体的生理功能，但是对于各种营养元素在人体内的协调作用却很难做出定量的分

中国居民平衡膳食宝塔

析。而自然界中种类繁杂的食物正是为动物复杂的生理活动提供能量的保障。从营养学的角度看，各种植物、动物提供的营养元素有着各种不同，只有摄取花样繁多的食物，才是确保营养均衡的基础。

中国居民平衡膳食宝塔是根据中国居民膳食指南，结合中国居民的膳食把平衡膳食的原则转化成各类食物的重量，便于大家在日常生活中实行。平衡膳食宝塔提出了一个营养上比较理想的膳食模式。

食品选择的多样性除了满足人们对各种营养素的摄入需要外，从减少有毒有害成分的角度看，也更加安全合理。比如某一种食物的生产当中可能使用了特定的化学用品；某一个地区的土壤或水源当中可能存在特定的污染物质；某一类食品的加工当中可能会加入某一类添加剂；如果人们只是持续而大量地摄入少数几种食品，反而会使同样的污染物质长期积累在人体内，这非常不利于人体健康。但如果我们选购多品种、多产地、多种加工方式的食品，就可以尽量分散风险，让污染物的危害不至于出现累加效应，也给了我们身体对少量毒素有一个调节排除的过程。

3. 好吃才是硬道理

营养搭配，平衡膳食，少油低盐。就这12个字，说起来非常容易，真的实施起来却往往让大家很伤脑筋。

比如电视节目宣传低盐饮食，据说每人每天的食盐摄入量不超过6克，有些地方政府还出资为市民免费发放了2克的小盐勺。每当我们拿着这个盐勺做饭的时候都非常小心翼翼地加盐，但做出的饭菜吃到嘴里似乎没有往日香了，吃两口菜就不想吃了。头一天，我们说服自己和家人为了健康吃下去了；第二天再如此就有点儿吃不下了。这样连续几天之后就发现不行，还是回到从前吧，低盐行动就这样宣布失败了。

再比如听说某种食物特别有营养，那么就开始天天吃，顿顿吃，吃了没几天就腻了，以后再也不想吃了。

像上面的这两个例子虽说有些极端，但是在我们的日常生活中类似的情况时有发生。其实不论什么样的健康饮食习惯都不是一两天就能养成的，吃那些据说很有营养的东西也不是一两顿就能起作用的。我们需要的是持之以恒的良好习惯。

为了确保我们能够贯彻执行前面的那12字方针，我们不能心急，只能逐步改善，每天减少一点点，或者每天增加一点点，不要给我们的味蕾太强烈的变化，只有将食物做得好吃才是硬道理。逐步地适应，才能真正做到持之以恒。

对于自己不是很喜欢的食物，我们也大可不必强迫自己和家人吃，也许变通一下，会更好。比如，有些孩子不喜欢吃胡萝卜，大人硬逼着吃的结果肯定是越逼孩子越反感。可行的做法是，做菜的时候把胡萝卜切成细丝变成配菜，可能每餐饭菜里只有很少，但是经常有，时间长了，他也就习惯了。再比如茄子都说有抗癌作用，可是烧茄子少了油肯定不好吃。那么这时我们是仍然坚持少油做得难吃，还是把好吃放在第一位，稍微多一些烹调油呢？答案想想就明白了。用点更通俗的说法，不论多么有营养的东西，你都得先能吃下去才能谈得上营养，然后再慢慢控制每日油盐的食用总量。

4. 吃的营养越多越好吗？

我们的父辈们多是吃过苦、挨过饿的。如今大多数地区，要吃有吃，要喝有喝，再不用担心吃不饱的问题了。以前吃点油要凭票供应，吃肉也要凭票供应，就连花生米都是紧缺货。如今，温饱解决了，而且能吃得更好了，再没有限量供应这一说法了，为啥还总是听到身边有人不是生这病，就是生那病呢？

现在的情况是条件好了，炒菜多放点油才香，一顿饭没有肉就感觉少了点啥，一次吃好几个水果才过瘾……这些饮食习惯带给人体过多的营养。

营养多点难道不好吗？

人体的营养需要是指保持人体健康、达到应有发育水平、充分完成各项生活与工作需要的能量和各种营养素的数量。

我们来看这样一个图：

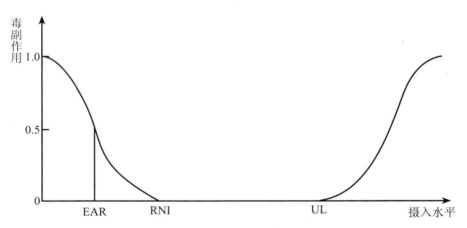

营养素摄入不足和摄入过多的危险性图解

EAR：平均需要量。

RNI：推荐摄入量。

UL：可耐受最高摄入量。

人体每天都需要从膳食中获得一定量的各种必需营养成分。如图我们可以看到当一个人群的平均摄入量达到EAR水平时，人群中有半数个体的需要量可以得到满足；当摄入量达到RNI水平时，几乎所有个体都没有发生缺乏症的危险。摄入量在RNI和UL之间是一个安全摄入范围，一般不会发生缺乏也不会中毒。摄入量超过UL水平再继续增加，则产生毒副作用的可能性随之增加。

这个图很好地解释了为什么有的人吃得更好了，营养更多了，还会生病。

而且如果你够细心还不难发现，这个图表里还有一层意思，每个人因为个体状况不同，可能的耐受值也不一样。比如营养稍微缺乏，稍微低于RNI水平，有些人并不会产生营养素缺乏的症状，而有些人就会生病。同理，当营养素水平稍微高于UL值时，有些人就不耐受，过多的营养素对他产生了毒副作用，而有些人就没事。这种个体差异取决于遗传因素，比如家族中有糖尿病或高血压患者的，其后代多为易感人群。所以别以为生活好了，吃得越多越有营养，也不要盲目地和别人比，"看人家天天吃肥肉都没事儿！"这样的攀比思想要不得。

按照上面那个中国居民膳食宝塔里面推荐的每日摄入量，其实我们的营养都是足够的，千万别多多益善呀！

 温馨小贴士

烹饪小常识

1. 叶子类蔬菜做汤，下锅不是煮而是烫，达到消毒的效果就起锅，如果菜叶子变颜色就过了；炒叶子类蔬菜，热锅凉油，爆炒，断生就起锅，更容易保证营养成分不流失。

2. 吃不完的剩菜剩饭放置在冰箱冷藏室，下顿吃时用锅蒸煮或者微波炉高火热，杀死可能出现的有害细菌。叶子类蔬菜最好别剩下，剩下了最好倒掉，别放在下顿吃。

3. 从街边或超市买回来的熟食，吃之前最好蒸一下或用微波炉热一下再吃更安全。

三、月亮不是西方的圆

1. 舶来品一定更安全吗？

洋奶粉不断提价还是供不应求，进口水果带着远渡重洋的高额船票依然备受欢迎，我们对舶来品的青睐从来就不曾减弱。当然，对于品尝异国美食的愿望无可厚非，但是不是有相当多的人感觉国内的食品不安全，人家国外食品标准高，吃的东西更安全呢？

洋奶粉是否更加安全呢？在互联网上搜索一下也能看到不少触目惊心的有关洋奶粉安全事件的报道。洋奶粉也是在各种事件中逐步改进和发展的。我们的盲从给了它们更多的涨价权利。

再说说进口水果，水果我们都知道新鲜的才好，营养含量才更高。远渡重洋的水果要说它不加任何化学保险措施就能平安来到我们的超市货架，你信吗？

各种进口的零食或水果里面的各种成分和我们国内的区别基本不大，它们同样需要各种添加剂作为保鲜防腐和提高口感的需要。所以当你选择舶来品的时候不用自欺欺人地说更加安全吧。

2. 真正适合你的食品就在你身边

从小生活在海边的人一生都喜爱海鲜，甚至偏爱那些海鲜带来的腥气；而生活在山里的人更喜欢山珍的美味。那些远离家乡的人，思念家乡的成分里面有相当一部分的思念给了那从小陪伴他生长的家乡美食。别人的山珍海味，对你可能如同嚼蜡。有人一生爱米饭，有人离不开面食，其实食物没有更好，只有更适合。为了犒劳一下自己，为了猎奇的心理尝尝新奇的美味或是异国美食

还是米饭好吃啊。

中国人还是习惯吃中餐

乃人之常情，可是这些新奇的食物大多不能成为你的日常饮食，你的胃口习惯的还是你从小的饮食，就是你身边的家常菜。而且本地的蔬菜由于不用长途跋涉就能到达你的餐桌，它们相对更加新鲜和安全。

其实真正适合你的食品就在你的身边。

 温馨小贴士

购买进口食品注意事项

1. 进口牛肉质量比国产牛肉好很多，但是价格昂贵。西方国家的超市展卖高级牛肉其实也是按"片"卖。所以，只有当国内消费者也习惯按"片"买高级牛肉，才有机会享受到真正的好牛肉。

2. 进口水果的价格昂贵很大程度上是运输和关税成本，当然发达国家的水果生产自然环境相对干净些，但是虫子细菌来了该打农药还得打农药，总体来说性价比还是低了些。

3. 从现实情况看，购买进口奶粉大可不必，过分的担忧成就了外国奶粉厂家的钱柜，并不会给自己宝宝带来更安全的奶粉。

四、拒绝食物中毒

食物中毒指摄入了含有生物性、化学性有毒有害物质的食品或把有毒有害的物质当作食品摄入后所出现的非传染性（不属传染病）急性、亚急性疾病。通俗地说也就是吃了含有有毒物质或变质的肉类、水产品、蔬菜以及其他食品，感觉肠胃不舒服，出现恶心、呕吐、腹痛、腹泻等症状。食物中毒比较明显的一个特点就是共同进餐的人常常出现相同的症状。食物中毒的特点是潜伏期短、突然性和集体性暴发，多数表现为肠胃炎的症状，并和食用某种食物有明显关系。可分为细菌性食物中毒、真菌性食物中毒、动物性食物中毒、植物性食物中毒和化学性食物中毒。

1. 食物中毒的分类

细菌性食物中毒

细菌性食物中毒是人们摄入含有有害细菌或细菌毒素的食品而引起的食物中毒。引起食物中毒的原因有很多，其中最主要最常见的原因就是食物被细菌污染。

真菌性食物中毒

真菌在谷物或其他食品中生长繁殖产生有毒的代谢产物，人和动物食用这种毒性物质发生的中毒称为真菌性食物中毒。中毒发生主要通过被真菌污染的食品，用一般的烹调方法加热处理不能破坏食品中的真菌毒素。真菌生长繁殖及产生毒素需要一定的温度和湿度，因此中毒往往有比较明显的季节性和地域性。

动物性食物中毒

食用动物性食品引起的中毒，即为动物性食物中毒。动物性食物中毒食品主要有两种：①将天然含有有毒成分的动物或动物的某部分当作食品误食后引起的中毒反应；②食用了在一定条件下产生了大量的有毒成分的动物性食品，如食用鲐鱼等也可引起中毒。中国发生的动物性食物中毒主要是河豚中毒，其次是鱼胆中毒。

植物性食物中毒

造成植物性食物中毒一般因误食有毒植物或有毒的植物种子，或烹调加工方法不当没有把植物中的有毒物质去掉而引起的中毒。最常见的植物性食物中毒为菜豆中毒，毒蘑菇中毒，木薯中毒；可引起死亡的有毒蘑菇、马铃薯、曼陀罗、银杏、苦杏仁、桐油等。植物性中毒多数没有特效疗法，对一些能引起死亡的严重中毒尽早排除毒物对中毒者的预后效果非常重要。

化学性食物中毒

发病与进食时间、食用量有关。一般进食后不久即发病，群体性病人有相同的临床表现，剩余食品呕吐物、血和尿等样品中可测出有关化学毒物，在处理化学性食物中毒时应突出一个"快"字。及时处理不但对挽救病人的生命十分重要，同时对控制事态发展，特别是群体中毒和不明化学毒物时更为重要。

2. 常见的中毒食物

鲜木耳

鲜木耳与市场上销售的干木耳不同，含有叫作卟啉的光感物质，如果被人体吸收，经阳光照射，能引起皮肤瘙痒、水肿，严重可致皮肤坏死。若水肿出现在咽喉黏膜，还能导致呼吸困难。新鲜木耳应晒干后再食用。暴晒过程会分解大部分卟啉。市面上销售的干木耳，也需经水浸泡，只有这样才能使残余的毒素溶于水中。

鲜海蜇

新鲜海蜇皮体较厚，水分较多。研究发现，海蜇含有四氨络物、5-羟色胺及多肽类物质，有较强的组胺反应，食用鲜海蜇易引起"海蜇中毒"，出现腹泻、呕吐等症状。只有经过食盐加明矾盐渍3次（俗称三矾），使鲜海蜇脱水，才能将毒素排尽，方可食用。"三矾"海蜇呈浅红或浅黄色，厚薄均匀且有韧性，用力挤也挤不出水。而且海蜇有时会附着一种叫"副溶血性弧菌"的细菌，对酸性环境比较敏感。因此凉拌海蜇时，应放在淡水里浸泡两天，食用前加工好，再用醋浸泡5分钟以上，就能消灭全部弧菌。这时候，你就可以放心大胆地吃凉拌海蜇了。

鲜黄花菜

新鲜黄花菜含有毒成分"秋水仙碱"，如果未经水焯、浸泡，且急火快炒后食用，可能导致头痛头晕、恶心呕吐、腹胀腹泻，甚至体温改变、四肢麻木。秋水仙碱在体内氧化为氧化二秋水仙碱，食用后0.5～4小时就会出现恶心、呕吐、腹痛、腹泻、头昏、头疼、口渴、喉干等症状。干制黄花菜无毒。想尝尝新鲜黄花菜的滋味，应去其条柄，开水焯过，然后用清水充分浸泡、冲洗，使"秋水仙碱"最大限度溶于水中。建议将新鲜黄花菜蒸熟后晒干，若需要食用，取一部分加水泡开，再进一步烹调。如果出现中毒症状，不妨喝一些凉盐水、绿豆汤或葡萄糖溶液，以稀释毒素，加快排泄。症状较重者，应立刻去医院救治。

变质蔬菜

在冬季，蔬菜，特别是绿叶蔬菜储存一段时间后，其含有的硝酸盐成分会逐渐增加。人吃了不新鲜的蔬菜，肠道会将硝酸盐还原成亚硝酸盐。亚硝酸盐会使血液丧失携氧能力，导致头晕头痛、恶心腹胀、肢端青紫等，严重时还可能发生抽搐、四肢强直或屈曲，进而昏迷。应对方法：如果病情严重，一定要送医院治疗。而轻微中毒的情况下，可食用富含维生素C或茶多酚等抗氧化物质的食品加以缓解。大蒜能阻断有毒物质的合成进程，所以民间说大蒜可以杀菌是有道理的。需要提醒的是，蔬菜当天买当天吃完最好。

变质生姜

生姜适宜放在温暖、湿润的地方，存贮温度以12℃~15℃为宜。如果存贮温度过高，腐烂也很严重。变质生姜含毒性很强的物质"黄樟素"，一旦被人体吸收，即使量很少，也可能引起肝细胞中毒变性。人们常说"烂姜不烂味"，这种观点是错误的。

霉变甘蔗

霉变的甘蔗"毒性十足"。霉变甘蔗的外观无正常光泽、质地变软，肉质变成浅黄或暗红、灰黑色，有时还发现霉斑。如果闻到酒味或霉酸味，则表明严重变质。霉变的甘蔗会产生阜孢霉、串珠镰刀菌等霉菌毒素，人误食了霉变甘蔗会在10分钟~48小时内引起头痛、头晕、恶心、呕吐、腹痛、腹泻、视力障碍等症状；重者剧吐、阵发性痉挛性抽搐、神智不清、昏迷、幻视、哭闹。误食后，还可引起中枢神经系统受损，轻者出现头晕头痛、恶心呕吐、腹痛腹泻、视力障碍等；严重者可能抽搐、四肢强直或屈曲，进而昏迷。购买和食用甘蔗应观其色、闻其味之后再食用，如果发现有可疑，请一定不要食用。因为霉变甘蔗中含有神经毒素，而且目前还没有特效的解毒药。儿童的抵抗力较弱，要特别注意。

长斑红薯

红薯表面出现黑褐色斑块，表明受到黑斑病菌污染已产生毒素，毒素不仅使红薯变硬、发苦，而且对人体肝脏影响很大。这种毒素，无论使用煮、蒸或烤的方法都不能使之破坏。因此，有黑斑病的红薯，不论生吃或熟吃，均可引起中毒。

生豆浆

未煮熟的豆浆含有皂素等物质，不仅难以消化，还会诱发恶心、呕吐、腹泻等症状。一定要将豆浆彻底煮开再喝。当豆浆煮至85℃~90℃时，皂素容易受热膨胀，产生大量泡沫，让人误以为已经煮熟。家庭自制豆浆或煮黄豆时，应在100℃的条件下，加热约10分钟，才能放心饮用。

生四季豆

四季豆又名刀豆、芸豆、扁豆等，是人们普遍食用的蔬菜。生的四季豆中含皂甙和血球凝集素，由于皂甙对人体消化道具有强烈的刺激性，可引起出血性炎症，并对红细胞有溶解作用。此外，豆粒中还含有红细胞凝集素，具有红细胞凝集作用。如果烹调时加热不彻底，豆类的毒素成分未被破坏，食用后会引起中毒。四季豆中毒的发病潜伏期为数十分钟至数小时，一般不超过5小时。主要有恶心、呕吐、腹痛、腹泻等胃肠炎症状，同时伴有头痛、头晕、出冷汗等神经系统症状。有时还有四肢麻木、胃烧灼感、心慌和背痛等症状。病程一般为数小时或1~2天，愈后良好。若中毒较深，则需送医院治疗。家庭预防四季豆中毒的方法非常简单，只要把全部四季豆煮熟焖透就可以了。每一锅的量不应超过锅容量的一半，用油炒过后，加适量的水，盖上锅盖焖10分钟左右，并用铲子不断地翻动四季豆，使它受热均匀。另外，还要注意不买、不吃老四季豆，处理时把四季豆两头择掉，因为这些部位含毒素较多。

青西红柿

青西红柿含有与发芽土豆相同的有毒物质——龙葵碱。人体吸收后会造成头晕恶心、流涎呕吐等症状，严重者发生抽搐，对生命威胁很大。我们在挑选西红柿时应注意以下三点：第一，外观要彻底红透，不带青斑。第二，熟西红柿酸味正常，无涩味。第三，熟西红柿蒂部自然脱落，外形平展。有时青西红柿因存放时间久，外观已经变红，但肉质仍保持青色，此种西红柿同样对人体有害，需仔细分辨。购买时，应看一看其根蒂，若采摘时为青西红柿，蒂部常被强行拔下，皱缩不平。

苦杏仁

杏仁有甜苦之分，加工后的甜杏仁味美，含丰富的微量元素锌，备受家长和孩子们的喜爱。但苦杏仁就完全不同了，食用未经处理的苦杏仁可引起中毒。苦杏仁属于含氰甙果仁，这类果仁还包括桃、枇杷、樱桃的核仁。它们都含有毒性物质苦杏仁甙和苦杏仁甙酶。有文献报道，小儿口服5粒引起中毒，服10余粒可致死。

苦杏仁有很多药用功能，可入药，但是那是少剂量配伍使用的，我们平日还是需要谨慎。当然东北等地都有用杏仁制作菜肴的习惯，对于苦的杏仁，民间的惯用方法是浸泡去皮后，再浸泡1～3天，其间多换几次水，等到尝不到苦味时，再加水煮沸一段时间，方可食用。使用这个方法处理过的苦杏仁毒性减低，但也不宜一次食用过多。

温馨小贴士

食物中毒应对方法

1. 遇到食物中毒时，在将病人送到医院之前，轻度中毒最先要做的是灌糖水，减轻病人痛苦；如果是重度中毒，最先要做的是想办法让病人体内的食物尽快吐出或排泄。保留呕吐物和排泄物，以便医生化验对症治疗。

2. 突然碰到群体性食物中毒，在紧急通知医院的同时，不要被动等待，在医生到来之前，冷静观察中毒者的轻重情况，组织人尽快分类安置。能自己呕吐的给些糖水自救，外援力量重点施救那些昏迷、抽搐而无力自救的患者。

3. 对没见过的食物，不要因为好奇随便吃，多问问，查查相关资料再食用更加安全。

第十二章

营养安全，特殊人群的需要

一、怀孕前后的夫妻

1. 怀孕前的夫妻身体健康准备

孕育使人类生命得以延续，良好的孕前准备能够给你事半功倍的效果。

众所周知的孕前准备主要是针对准妈妈们的，医院里有专门的孕前指导和孕前检查，这里就不赘述了。

其实除了去医院进行孕前检查，准父母们也应该在日常生活中对自己的身体进行有针对性的调节和保养，以健康的身体状况迎接小生命的到来。

除了医生建议的补充叶酸外，准父母主要还应该在饮食上注意多样化，尽量从食物中补充各种维生素和矿物质，因为通过人工提取的这些营养元素如果过度补充也许会给身体带来难以预料的伤害，而通过日常的饮食进行补充是最安全的途径。

对于补充叶酸最好准父母一起补，男性叶酸不足会降低精液的浓度，还可能造成精子中染色体分离异常，会给未来的宝宝带来患严重疾病的极大可能性。

另外，烟酒也会对精子和卵子的质量造成影响，至少3个月的控烟限酒也是非常必要的。

现代人生活在高科技产品的包围下，辐射和放射性物质对人身体的影响很难发现。如果你从事的工作环境有有毒有害物质的污染，或者你在医院拍过X光片，都需要远离污染至少3个月后再怀孕。为什么给出3个月的时间？因为精子从精原细胞生长为精子需要大约74天的时间，而精子在附睾中还会停留19～25天才能成熟。所以一个不受烟酒和有毒有害物质伤害的健康精子的成熟，你要给它至少3个月的时间。而卵子的发育成熟大约需要85天的时间，也差不多是3个月的时间。

对于孕前的准父母，一个容易被忽视的问题就是调节心情。愉悦的身心带给人的好处是全方位的，一个身心愉悦的人身体的各个器官都处于良好的运转状态，免疫系统也处于最佳状态。这种状态下的身体将给孕育做好准备，不但有助于成功怀孕，而且更加有助于生一个健康活泼，而且性格良好的宝宝。

2. 怀孕妇女的营养安全

十月怀胎，一个受精卵逐步发育成一个完整的人，需要从母体不断地获取营养。这期间母体日常饮食的营养均衡和有侧重点的营养补充就显得格外重要。

因为每种食物所含的营养多数不均衡，为了能够获得合理均衡的营养，孕期要注意食物的多样性，还要多吃富含铁的食物，如瘦肉、鱼类、木耳等；多吃新鲜蔬菜、水果和海产品以提供维生素和矿物元素；此外，奶制品和豆制品也需要经常补充。孕期避免偏食，也不要暴饮暴食，以免造成肥胖，导致妊娠糖尿病或难产。

妊娠各期的饮食应有差别：

怀孕前3个月，胎儿生长较慢，孕妇营养需要与平时差不多，摄入的营养素可以不增加或者少量增加。但膳食的质量要注意改善，可适当增加优质蛋白，如鸡蛋、牛奶、鱼类和豆制品。如果孕前膳食质量已经很好，可以不必变动。但如果有早孕反应，可以少量多餐。不必过分担心早孕反应吃不下东西，或者吃了就呕吐会让胎儿的营养不够。实际上这个阶段胎儿需要的营养物质较少，即使在母体摄入的营养物质不够充分的情况下，也会首先满足胎儿的发育需求。所以这个阶段，如果早孕反应强烈，尽可能吃就好了，调节好心情，过分的担忧反而会给胎儿带来不好的影响。

怀孕4～7个月胎儿生长加快，孕妇食欲一般较好，对营养素的需要量明显增加，除一日三餐外，上下午可加餐。要多吃富含多种营养素的食物，如瘦肉、海产品、奶类和豆制品等，还需要多吃颜色鲜艳的新鲜蔬菜和水果，主食要米、面、杂粮合理搭配。

孕晚期是胎儿体重增长最快的阶段，除提供给胎儿生长发育的营养素外，还需要储存一些营养素为哺乳做好准备。这时可继续前一段的营养原则，主要是增加蛋白质和钙、铁等的摄入，可选用体积小而营养价值高的食物，如肉、蛋、鱼等，蔬菜的选择也要多样性。孕晚期，孕妇的食欲往往更加好，多数人感觉多吃水果孩子的皮肤好，所以对于水果从来不限量，若敞开了吃一次能吃半个西瓜或者一串葡萄，感觉很过瘾。殊不知孕期的糖代谢能力较弱，如果摄入大量含糖分高的水果，或者高热量的糕点甜食，会增加患孕期糖代谢异常的风险。同时，这个阶段限制盐的摄入量也能避免出现水肿，减少孕期高血压的风险。

3. 为了宝宝的健康，准妈妈要管好自己的嘴

对于孕期致畸的因素，目前社会上也是众说纷纭。因为对于这个问题的研究主要依靠搜集资料来分析，不可能有相关实验数据。但是普遍认为，病毒和弓形虫以及放射性物质和辐射会对胎儿造成严重的伤害。

如果准妈妈好吃涮火锅，那么一定要注意将肉彻底煮透后再食用，因为生肉中可能含有弓形虫，必需彻底加热熟透后再食用。而且孕期远离生食的鱼肉制品也是必需的。

怀孕中晚期，食欲相对增强，常常感觉饥饿，有些准妈妈为了方便，也为了美味，常常准备很多包装的小零食。如果你仔细研究过这些零食的成分表，估计你就会重新考虑是否还用它当作营养补充。市售的包装零食中多数含有多种添加剂，虽说正规的添加剂对人体不会造成伤害，但是你要知道，这里所说的人体是默认的正常成年人，对于你腹中正在孕育的弱小的生命体，会不会有伤害，同样没有人去试验。难道你愿意让自己挚爱的宝宝在其器官发育的关键时期接受这种未知的考验吗？

除了小零食，还有不少准妈妈喜爱高热量的糕点甜食，的确那些刚刚出炉的糕点飘来的味道，以及其诱人的形色让多数人难以抗拒。可是这些高热量的食品除了给你带来更多的剩余脂肪外，营养相对较低。而过高的热量是孕期高血压和高血糖的诱因，孕期的血糖和血压异常除了给妈妈本身造成伤害，也间接伤害着腹中幼小的生命体。同时，不少糕点和甜品中都含有氢化植物油，比如常见的植物奶油的裱花蛋糕、添加植脂奶油的糕点、饮品（多数奶茶和咖啡伴侣），氢化植物油除了具有良好的口感和加工特性外，不具有天然动物奶油的营养，反而

因含有反式脂肪酸，会对人体的肝脏、心脏等带来危害，其危害性强过饱和脂肪酸。对于各个器官正在生成的胎儿，其影响或许会更加严重。

孕期注意饮食卫生，管好自己的嘴，不要为了过一时的嘴瘾而悔恨终生。注意饮食的新鲜、洁净，避免腐烂食物引起的胃肠道疾病。瓜果蔬菜尽量洗净去皮，因为受到化学污染的食品也是诱发胎儿畸形的因素之一。

对于刺激性的食物，如浓茶、咖啡、酒、辛辣食品等也要避免。这些刺激性食物可引起大便干燥，又可引起子宫收缩，所以妊娠晚期要避免摄入。

孕妈妈要管好自己的嘴

温馨小贴士

备孕夫妇注意事项

1. 夫妻双方孕前检查很重要；饮食均衡胜过补充维生素片剂；戒烟戒白酒，每天喝一杯红葡萄酒有利于体内新陈代谢的调节；身心健康有助于孕育一个健康宝宝。

2. 备孕夫妇营养膳食建议：除了日常饮食注意种类丰富，营养全面外，还应加强含钙食品和叶酸的摄入，为孕育做好储备。

3. 准备怀孕的前几个月，丈夫需要减小劳动强度，不能让身体长期处于疲惫状态；妻子不要盲目减肥，营养不良会给受孕带来很大障碍。

二、哺乳妇女

1. 产后的体态恢复和饮食特点

准妈妈晋升为新妈妈带来的喜悦才刚刚开始，哺乳的任务就刻不容缓地来到身边。随着胎儿的娩出，产妇便进入以自身乳汁哺育婴儿的哺乳期。哺乳有利于母体生殖器官及其他有关器官的恢复。

妈妈在哺乳期间，乳汁分泌量持续增加。所以，新妈妈在哺乳期的营养需要会大于妊娠期的营养需要，乳母的营养供给量是保证乳汁质量与数量的物质基础。

但是尽管面临哺乳的需要，许多新妈妈还是更加在意自己的身材，为了能在产后快速地恢复体形，不少新妈妈刻意节食，殊不知这样会对自己的康复造成严重影响，也会对嗷嗷待哺的新生儿健康带来不良影响。其实，从常识就能分析出，因为泌乳量持续增加，所需的能量也在不断增加，即便不刻意节食，身体也会消耗孕期体内积聚的脂肪（孕晚期，母体会积聚脂肪，为产后哺乳做好身体准备）能量分泌更多乳汁。同时，哺乳也有利于母体子宫的加快收缩复原。所以泌乳本身对妈妈身材的恢复就有着天然的效果，母乳喂养是大自然赐予人类的宝贵力量，那些放弃母乳的女性，对自身和孩子都是极其不负责任的。

无论顺产还是剖宫产，都会耗费女性大量的能量，产后多数妈妈的身体是很虚弱的，需要通过合理的休息和适当的营养尽快恢复身体。虽然产后需要补充丰富的营养物质来制造宝宝的口粮——母乳，但对于刚刚生产的新妈妈，一开始饮食易清淡，易于消化，少食多餐的方式更加利于新妈妈虚弱体质的恢复。

新妈妈对于体形的恢复不要操之过急，等身体虚弱的状态得到缓解之后，增加运动量比单方面节食更有利于体形的恢复。同时，哺乳本身就消耗母体大量能量，坚持哺乳将更有利于身材的恢复。

2. 哺乳妈妈的营养准备和控制

在孕晚期，准妈妈的身体已经在为哺乳做准备了。随着宝宝的降生，母体的内分泌系统发生显著变化，雌激素、孕激素等水平急剧下降，催乳激素持续升高，以促进乳汁的分泌。

哺乳妈妈自身营养摄入的均衡是保证乳汁营养均衡的关键。

合理膳食首先要注意保证优质蛋白质的摄入，如鱼、肉、蛋、奶及豆制品，这些食物每日要比平日多吃2~3两。主食也要适当多吃一些，注意主食的品种要丰富，合理搭配些粗粮。

膳食中要有适量的脂肪，脂肪不只提供能量，还可以提供脂肪酸，脂肪酸与婴儿的大脑发育有密切关系。

食物中要保证足够的矿物质供给。避免乳母贫血，应该多食用含铁丰富的食物，如瘦肉、动物肝脏等。还要多摄取含钙丰富的食物，如牛奶、豆类、芝麻等。因为母乳中的含钙量（34mg/100ml）是比较稳定的，若膳食中的钙供给不足，就会动用母体骨骼中的骨钙，以维持母乳中钙的恒定，这样就可能导致母体缺钙。另外，适当的海产品，如海带和紫菜，可以提供钙和碘。

母乳喂养的宝宝，身体更强壮

奶粉喂养的宝宝，身体虚弱，易生病

　　从食物中摄取适量的维生素也是必不可少的。维生素A、维生素D、维生素B$_1$、维生素B$_2$是我国日常膳食中容易缺乏的几种维生素。多吃新鲜深绿色、黄红色蔬菜及水果，可提供维生素A；阳光好的天气进行适当的户外运动，可以补充维生素D；瘦肉、蛋、肝、粗粮、蘑菇可提供B族维生素；新鲜的水果富含维生素C较多，特别是鲜枣、山楂、猕猴桃维生素C的含量更是非常丰富。

　　前面说了补充维生素D可以通过晒太阳来获得，但是坐月子的妈妈几乎没有这个机会，所以适时适量地补充维生素D对于预防孩子的佝偻病很有必要。

　　乳汁中大部分是水，哺乳期应该每天增加一定量的流质摄入，以增加乳汁分泌量。鱼汤、排骨汤等都是不错的选择，油脂过多或者糖分太大的汤水应避免。

3.　产后真的需要天价月嫂吗？

　　不知是生活水平提高太快，还是因为现代人都变得金贵了，以往专门伺候月子的保姆摇身一变成了月嫂。名字好听了，便身价百倍。在各大城市月嫂的月薪八九千已经属于正常价格，那些打着会催奶，可以为产妇量身定做营养餐的金牌月嫂价格更是飙升至1万以上，而且这个价格包含的服务仅限母婴二人，其他家务、其他家庭成员的饭食一概不管。工资直逼白领，其提供的服务真的物有所值吗？

哺乳是上天赋予哺乳动物的自然能力，只要身体健康，饮食合理，心情愉悦，奶水应该是每个新妈妈必有的，并不是天价月嫂宣传的：奶是要催出来的！即便新妈妈需要催奶，那么这个催奶师也应该是你的宝宝，而不是标榜催奶高手的月嫂。

产后新妈妈一般都要经过2～3天才能下奶，如果是剖宫产会更迟一些，这时就需要宝宝不断地吮吸，刺激泌乳。母婴接触越多，宝宝的吮吸越频繁，新妈妈下奶就越早。在没有下奶的时候，分泌的清水状初乳富含免疫球蛋白和抗炎因子，不但可以为初生宝宝抵御疾病提供支持，还能促进宝宝自身的免疫系统的建立，为其成年后的免疫打下坚实基础。初生婴儿的胃部容量很小，初乳的分泌量很少，刚好为婴儿适应吮吸提供安全保障。

一个"称职"的月嫂首要的任务是要伺候好月子，让产妇休息好，身体才能尽快恢复，所以常常存在"孩子我来抱，晚上跟我睡，你好好休息"或者"晚上加一顿奶粉，孩子睡得踏实，你也能睡个安稳觉"这些看似为产妇好的行为。殊不知，月嫂这样的行为也许会在不知不觉中干扰新妈妈的母乳喂养，造成母乳喂养困难。因为母婴分离越久，刺激新妈妈泌乳的各种信息越缺失，对下奶非常不利。正确的做法是，新生儿初生的最初几天，一定要新妈妈自己抱孩子，尽量多地让婴儿吮吸乳头，刺激泌乳。不必担心孩子的哭闹影响产妇的睡眠，一个健康的新生儿一天的大部分时间在睡眠中度过，真正打扰人的时间非常少。即便是增加一顿奶粉，也会扰乱新生儿的胃肠道菌群建立，需要几周的时间才能恢复。而且晚上喝大量配方奶粉让婴儿睡个踏实觉的想法是极其错误的。新生儿胃容量很小，就是需要少量多次地喂养，大量的奶粉对弱小的胃肠道是一种负担，也加重肾脏的负担。

养孩子本来就是一个痛并快乐着的事情，宝宝初生伊始，妈妈辛苦一些将带给孩子一生享用不尽的健康基础。孩子的身体健康，难道不是每个妈妈一生的追求吗？况且如果妈妈身体健康，心情愉快，照顾宝宝并不会带来过多的劳累，并不影响产后身体的恢复。天价月嫂的工作其实越俎代庖，做了新妈妈自己该做的事情，虽然因此新妈妈的身体恢复也许更快，可孩子却可能为此告别母乳，或者变成母乳和奶粉混合喂养的婴儿。如果真是如此，这个月嫂钱花得也太冤枉了。

 温馨小贴士

（一）产妇需要什么样的支持？

1. 丈夫和家人的关爱，这里主要是指精神方面。产妇由于产前、产后体内激素的大量变化，以及生产过程的煎熬，产后容易产生情绪波动，这时最需要的就是丈夫的关爱和支持。

2. 有个不唠叨、会做饭的人提供营养丰富的一日三餐以及额外的加餐非常必要。

3. 除了照顾宝宝的事情产妇自己来，其他的事情最好都有人帮忙，不用产妇操心。

总结：找一个很会做饭、会做家务的保姆已经足够。

（二）产后体形恢复

1. 通过母乳喂养将体内的脂肪通过奶水消化，将体形瘦下来。

2. 产后立即采取物理束腰的手段促进子宫收缩，辅助腰部体形恢复，腰是体形的灵魂，腰部瘦下来了，体形的美丽分割线就出现了。

3. 中国传统坐月子一个月不洗澡的理念不科学，不可取。产妇虽然体质虚弱，但是现在洗澡条件好了，不会随便就会碰到贼风，搞好个人卫生更利于身体恢复。

4. 体形恢复期间尽量吃一些高营养低热量的食物，避免暴饮暴食，使束腰后感觉更舒服。

三、婴幼儿

1. 6月龄以前的母乳喂养是钢铁红线

也不知是妈妈们更忙了，还是为了更好地保持身材，抑或是洋奶粉夸张的宣传让相当一部分新妈妈放弃了廉价但却千金难换的母乳喂养，转而投向高价的伪母乳——配方奶粉。

人类同其他哺乳动物一样，对于新生命的哺乳是上天赋予的职责，母乳传递给婴儿的不单单是维持生命的营养物质，通过哺乳，母亲传递给婴儿的还有抵御外界病毒侵害的初乳，以及饱含母爱的信息。

母乳喂养对于婴儿和母体的好处，在网上随便搜索就能找出很多。而且配方奶粉目前无论如何也不能完全模仿母乳的成分。可为什么还有那么多的妈妈选择配方奶？这的确是一个值得人深思的问题。

产妇住进医院，多数会获得一种或几种品牌的免费的0～6个月配方奶粉，当你还处于生产后虚弱无奶的状态，当初生的宝宝一次次哭闹时那免费的奶粉肯定是最吸引你视线的东西。可悲的是，一旦婴儿在生命伊始就识别了配方奶粉的口感，妈妈的奶水就变得没有吸引力了。没有了婴儿饥饿的吮吸，母亲的泌乳功能就不能被刺激，奶水自然也就难以顺利产出，或者即便有了奶水也常常不能满足宝宝的需要。于是恶性循环开始了，母乳越少，宝宝吃着越费劲就越不愿意努力吮吸，而吮吸的减弱使得妈妈的奶水更加少。这样母乳就被配方奶粉打败了。

国家卫生部门三令五申不允许医院发放0～6个月的配方奶粉，可是利益驱使的部分医生或者护士还是无视这样的规定，一袋免费的奶粉就剥夺了一个新生儿获取母乳的权利。

最近国家花大力气宣传母乳喂养，禁止一切0～6个月配方奶粉的广告宣传。这也许是个良好的开始，为了一个国家和民族的振兴，提倡母乳喂养。这绝对不是言过其实、过分夸大的口号，一个新生命只有从他呱呱落地时开始就获得适合他自己的营养，才能使他的身体发育步入正确的轨道。

配方奶粉应该是那些母亲因为某种疾病不能喂养的孩子的应急口粮，绝对不能成为替代母乳的正常婴儿饮食。任何一种特定食品的安全性评价都需要长久的跟踪，配方奶粉完善于20世纪60年代初期，目前还没有专门的机构跟踪评估纯配方奶粉喂养的孩子成年以后的身体状况，以及其与母乳喂养的孩子成人后的健康对比，我们就应该说它还有待于进一步考证。就连最先发明配方奶粉的西方国家，现在都回过味来，大力提倡母乳喂养了，难道我们还要在其夸张的广告宣传下放弃母乳吗？

2. 婴儿合理的辅食跟进

随着婴儿的不断长大，能量需求也逐步增加，适时地增加辅食不但可以满足婴儿的营养需求，也可以让婴儿逐步向成人饮食过渡。婴儿的肠道还在不断地发育中，而且肠道内的菌群建立与演变是一个缓慢的过程，辅食的添加种类和其营养素对婴儿肠道内菌群的建立与演变起着重要的作用。适时地添加正确的辅食，可以给胃肠道适当的刺激，并促进肠道菌群正常发育，为日后消化各种食物打下基础。

添加辅食应从半流质食物开始，慢慢过渡到软食和固体食物，使婴儿逐渐能适应各类食物，吸收更加丰富的营养，这是非常必要的，也为日后的断奶做好准备。

添加辅食应按照婴儿的月龄和消化能力逐步添加，过早添加会导致消化不良。添加过晚可能会错过最佳的味觉适应期，造成以后的偏食。辅食的添加可以从泥糊样食品开始，如煮得很烂的米粥，每添加一种食物要观察三四天到一周的时间，这期间注意婴儿的消化情况，大便性质有无异常，是否有过敏现象，如有异常应及时停止，待情况正常后再从少量开始。如果发现婴儿对某种食物过敏，及时停止后最好记录下来添加时间、添加分量以及过敏症状，可以咨询医生后再考虑是否另选时间重新添加此种食物。当重新添加曾经过敏的食物时应从很小分量开始，并密切观察。随着婴儿月龄的增加，消化免疫功能逐步增强，对食物的适应能力也会加强。当婴儿习惯一种食品后再添加另外一种食品，如果婴儿对某种食物抵触，不要勉强，可以过几天再喂。添加辅食要循序渐进，由少到多，由稀到稠，由软到硬，由一种到多种。如果孩子生病或者天气非常炎热，最好暂时不添加，待情况好转后再逐步添加。

添加的辅食要新鲜、卫生、现吃现做，尽量采用蒸煮的方法，不要煎炸。家庭制作的辅食能够确保较少的营养损失，而市面销售的罐装辅食虽然标明无添加，但营养成分肯定会损失较大，而且加工过于精细，不利于婴儿锻炼咀嚼能力，也许更适合作为特殊时间，如出门在外时的应急需求。制作辅食虽然麻烦，但带给婴儿的营养却更有保障。

对于母乳喂养的婴儿，在初生到6个月前最好不添加辅食，包括菜汁、果汁。因为这个时段的婴儿胃肠功能相对很弱，即便是经过稀释的果汁也会对婴儿柔弱的肠胃造成刺激。从6个月开始添加辅食也是以尝试性为目的的，每次添加一小勺的量，让宝宝逐步适应。而且这时的宝宝开始出牙，添加辅食可以锻炼宝宝的咀嚼能力。

3. 添加辅食的注意事项

（1）辅食从选料到制作一定要保证新鲜和卫生。一岁以内辅食烹调中不添加调味剂，包括盐、糖、味精、酱油、醋等。婴儿的味蕾正处在发育过程中，肾脏也还发育不够完善，食物最好原汁原味，不要用成人的习惯看待婴儿的饮食。

（2）含有人工色素和添加剂的食物都不适合给婴儿食用，市售的固体高汤、清汤等由于含有各种添加剂，不可以作为辅食制作的原料。

（3）不易消化的食物和高纤维的食物不适合作为辅食喂食婴儿。

（4）容易过敏的食物也不宜过早地作为辅食添加。如花生、大豆、贝类等。

（5）婴幼儿不适合食用酸奶，酸奶中的益生菌会破坏婴幼儿胃肠道内的菌群平衡。对于婴幼儿柔弱而且正在发育完善的肠内环境，外界的菌群添加会打破原有平衡，而且在很长一段时间内不容易恢复。

（6）添加的果汁最好鲜榨，市售的果汁往往含有丰富的果糖，过量果糖可以降低身体对铜的吸收，小儿缺铜后罹患冠心病的危险将增加，还可以造成缺铜性贫血。而且市售果汁还含有丰富的枸橼酸，可以在体内与钙结合形成枸橼酸钙，降低血钙浓度，引起缺钙症状。如果果汁中含有色素，还会干扰多种酶的功能，从而影响婴幼儿的生长发育。

4. 幼儿肥胖的缘由和危害

中国的经济飞速发展的同时，国人的体重也奇迹般地飞速增长。昔日食不果腹的国人，现在肥胖者随处可见。而每个家庭唯一的宝宝，更是在降生初期就成了大家关注的重点，这个关注又多表现在饮食的关注上。经历过饥饿的祖辈多数认为，肉食是最有营养的，多吃肉长得好。从婴儿时期的辅食开始，肉类就占有了不可小觑的地位。随着宝宝的长大，其口味已经基本形成，加上肉类蛋白质在烹饪中产生大量氨基酸等风味物质，口感较蔬菜更加诱人，不少孩子养成了爱肉弃菜的饮食习惯。过分的肉类摄入，带来过量的能量储备。

而且现在遍布街头巷尾的甜品店、西饼店都在你经过时给你巨大的味觉诱惑，那香香甜甜的味道吸引着幼小的孩子。这些高糖高油的高能量低营养食品，其实未必是健康食品，可是那可人的模样，却让人难以抗拒，孩子更是成了其美味的俘虏。美味的享用也带给身体更多的脂肪积累。

肥胖从来就不是一天形成的。成人在孩子婴幼儿期间给其培养的饮食习惯是幼儿肥胖的主要原因。而从出生开始就食用配方奶粉长大的孩子，发生幼儿肥胖的概率更远大于母乳喂养的幼儿。在小宝宝期间，胖乎乎的孩子看着非常可爱，可是随着年龄的增长，胖胖的身材所带来的就不仅仅是不美观的问题了。众多资料显示，肥胖在现在的幼儿当中占有相当的比例，周围日益增多的小胖子面临着比正常体重孩子更多的健康问题。高血压、糖尿病这些本来多属于老年人的疾病，现在也在肥胖儿中变成常见病了。超过正常范围的体重，带来的不仅仅是单纯性的肥胖和形体难看，过多的脂肪堆积增加了体重，也同样增加了幼儿本来就发育不完善的各个脏器的负荷，对身体的影响也不容忽视。

最新研究表明，人体的脂肪分子数量在婴幼儿期间不断增加，到了成年以后就不再增加。幼儿期间肥胖的孩子成年以后减肥就变得更加困难。

成年人肥胖尚且危害众多，幼儿的肥胖就更应该列入我们日常的关注当中，合理饮食，肉蛋菜要平衡摄入，减少高糖和高油脂食物的摄入是最有效的方法。

5.　婴幼儿食品的选择要领

婴幼儿是人体各个器官发育的关键时期，很少的不良物质摄入量就会带来比对成人严重数倍的影响。著名的三聚氰胺事件中，受到伤害的都是婴幼儿，如果成年人摄入同样数量的三聚氰胺则影响相对轻微很多。所以我们不能以成年人的承受标准来看待儿童，在婴幼儿的食物选择上要慎重谨慎，避免造成遗憾终生的健康影响。

所以，在给婴幼儿选择食品的时候，选择新鲜的蔬菜水果，以及肉蛋奶制品，再经过家庭的细致加工是最佳途径。家庭制作的食品，可以自己选择相对安全的原材料，更加认真地清洗和烹饪，而且烹饪过程中所添加的调味品也是经过慎重选择的，尽量远离人工合成香精和防腐剂。

婴幼儿期是形成味觉的关键时期，如果在这个时候，过多地给予味道香浓的人工添加剂，不但影响其生长发育，而且其成人之后的饮食习惯也将难以改变。

市面上琳琅满目的小食品，如果作为成年人茶余饭后的消遣或许比较合适。但是这些小食品的最大消费者却非常不幸的是儿童。儿童的心智发育并不成熟，对于电视广告中绚丽多彩、夸张诱人的言语没有足够的抵抗能力，往往被广告和华丽的包装吸引，成为这些充满香精、添加剂、防腐剂、高油高糖高味素食品的疯狂追逐着。不少家长都感觉某些洋快餐是垃圾食品，尽量避免给孩子吃，可是却把这些标榜营养的小零食，包括各种以营养为卖点的饮料慷慨地买给孩子，殊不知这些才更称得上是标准垃圾食品。

难道经济利益的追求要强过对下一代身体健康的培养？如果国家能够出台

相关政策，严格限制儿童节目中的零食广告播出，避免给少儿造成不良引导；强制小食品分段制度，对于幼儿的小食品严格控制，对于添加香精、人工色素等增强视觉和味觉刺激的食物标明不适合幼儿食用，销售给成年人的休闲食品标注仅供成年人，这样也许父母在给孩子选择小零食的时候才能更加放心。当然，这些都是我们的理想，在如今理想不能成为现实的情况下，父母长辈能够做的，就是尽量避免给幼儿这些过多添加成分的零食，别无良策。

6. 拒绝添加，家庭制作小零食

外面的零食添加剂太多，可是孩子偶尔也需要些小零食调节一下口味，或者在特殊的时候补充一下能量，那么为孩子准备些家庭制作的零添加健康零食不失为一个好办法。

亲子时光除了可以郊游、读书、游戏以外，和孩子一起玩玩家庭制作小点心的亲子游戏吧。自己制作小零食不但培养孩子的健康饮食习惯，更能锻炼孩子的动手能力，如果再把亲手制作的小点心和小朋友分享，还增加了孩子的社会交往能力，这个一举多得的事情你不想尝试一下吗？

可以家庭制作的小零食非常多，细心的妈妈可以在网络上搜搜。新手建议从简单的开始，慢慢你就会从亲子制作中找到乐趣。下面介绍一种非常简单，营养丰富的小零食制作方法，用来抛砖引玉。

蔓越莓饼干

配料：

低筋面粉115克，全蛋液一汤匙，黄油75克，糖粉60克，蔓越莓干35克（可以换成葡萄干或者蓝莓干）

制作方法：

（1）黄油放在室温下软化（不要融化成液态），加入糖粉搅拌均匀即可。

（2）加入一勺大约15克的全蛋液，搅拌均匀。

（3）蔓越莓干稍微切碎些，放入黄油中。

（4）倒入低筋面粉，和成面团，然后搓成直径大约5厘米的面棍。

（5）放入冰箱冷冻室1小时后，切成厚约0.7厘米的厚片。

（6）装入烤盘，放入预热好的烤箱，上下火，165℃，烤约20分钟。

口感酥松，零添加的小饼干就做好了。尝到妈妈亲手制作，或者自己亲手制作的小饼干，那种满足和骄傲的感觉是无可比拟的；和小朋友分享时的心情也是格外自豪的。这时对于稍微大一些的孩子，你可以把自己家庭制作饼干的配料表和外面购买的饼干的配料表对比一下，告诉他添加剂对孩子成长的危害，大部分孩子以后驻足零食货架的时候都会仔细地看配料表了。

 温馨小贴士

婴幼儿饮食原则

1. 国际卫生组织、国际母乳协会以及美国卫生部等权威机构，呼吁全球的母亲们将母乳喂养坚持到孩子满2岁。有些孩子会在1岁半到3岁之间自然离乳，如果可以选择自然离乳是最好的方式。

2. 在小婴儿差不多6个月大的时候，舌头及嘴部的肌肉已发展至可以将舌头上的食物往嘴巴后面送，一起来完成咀嚼的动作。这时就可以添加辅食了。辅食的添加可以从米汤开始，如果可以把大米打成粉后再熬制成米糊也是不错的选择。市售的米粉和罐装的婴儿食品远不及家庭制作的婴儿食品新鲜和健康。

3. 辅食的添加不能心急，每添加一种食品要观察三四天。主食、蔬菜、水果、肉类可以逐步添加。马铃薯、红薯和软软的豆腐也是不错的选择。容易过敏的食物可以等一岁以后再添加。

4. 宝宝偶有感冒之类的小病，可以去医院让医生诊断，但不要轻易打针吃药。婴幼儿在适应外部环境过程中会激发自身的免疫系统来抵抗外界因素的侵袭，利于激活宝宝体内的免疫抗体因子。遇到小疾病就打针、输液反而不利于自身免疫系统的激活，长大后体质就不够强壮。

四、女性如何愉快度过更年期

1. 早期的身体滋养可以延缓更年期的到来

女性更年期就是卵巢功能逐渐衰退到完全消失的一个过渡时期。在这个时期，有一部分女性可能会出现一系列的生理和心理方面的变化。表现在生理上会出现浑身燥热、眩晕、心悸、失眠、眼前有黑点或四肢发凉等症状；表现在心理上可能有忧虑、抑郁、易激动、思想不集中等症状。根据不同身体素质，更年期可能最早开始于40岁左右，对于一些保养较好的女性，这个时期可能推迟到50岁左右，甚至基本不产生较为明显的症状。

延缓更年期的到来，不仅对身体有诸多益处，而且能提高生活质量，增强女人的自信。如何延缓更年期呢？适时地补充雌激素，对卵巢进行滋养是根本办法。

说到这里，恐怕不少爱美女性都会想到美容院里疯狂宣传的"卵巢保养"。其多数宣扬可以通过精油或者中药按摩的手法，使精油渗透到卵巢，以达到对其滋养的目的。可是美容院的卵巢保养并没有充分的科学依据，卵巢位于盆腔深部，体检时都很难查到，简单的精油按摩仅仅可以使精油渗透到皮肤层，对卵巢没有任何直接作用。而且美容院的中药和精油并没有得到相关医生的论证，是否会对卵巢造成不良刺激也未可知。对于经过医院检查证实卵巢已经发生病变的患者，切不可盲目相信美容院的忽悠，延误病情不说，还可能使本来简单的小病发展成为大麻烦。如果没有特殊症状，没有医生的指导，最好不要盲目补充雌激素，否则如果造成体内激素紊乱，将会对身体造成损害；而雌激素替代药，如果没有医生的指导，也不要自行选择使用。

有科学文献证明天然的植物雌激素可以双向调节内分泌水平，对于延缓更年期起到良好作用。含有植物雌激素的植物很多，目前普遍认为，大豆中的大豆异黄酮具有植物雌激素活性，当体内雌性激素不足时可以起到类雌激素效果，而体内雌性激素过剩时又起到抗激素作用。食用豆浆或其他豆制品都能有很好的效果。核桃和松仁都是亚麻酸的良好来源，亚麻酸有刺激雌性激素合成的功能。

女性步入35岁以后，多选择富含植物雌激素的食品滋养卵巢，可以延缓更年期，起到美容养颜的作用。

2. 生活健康可以降低更年期生理变化的幅度

生活健康包括：饮食健康、生活习惯健康和心理健康。健康的生活不但能使身体健康，更重要的是能带来乐观向上的生活态度，在人到中年之后依然能够保持积极向上的心态，对未来充满美好的憧憬。

人体随着年龄的增长，身体各个器官的功能会缓慢地走下坡路，消化和吸收功能也会有所减退，饮食如果能够逐步调整到清淡，适量增加蔬菜和豆制品的摄入，减少油脂和糖盐的摄入，避免暴饮暴食和不规律的饮食习惯，将能给身体提供均衡的营养，同时不给消化器官造成多余的负担。

人到中年以后，基础代谢率开始降低，脂肪分解的速度减慢，容易造成脂肪堆积，如果缺乏足够的运动，热量消耗比较少，即使饮食数量上没有变化，体重也会增加。长此以往，影响身材的同时，也会对健康带来负面影响，并加重更年期的某些症状。所以饮食要适当控制，不要暴饮暴食，而且均衡摄取足够的营养，每天选择的食物品种越多越好。但是控制饮食，并非需要节食，不合理的节食对身体敏感的女性很容易造成营养不良，会影响体内新陈代谢，反而可能造成皮肤、头发失去光泽，快速减重也会产成皱纹。这时虽然体重控制住了，人看起来却会更加衰老，从而影响自信心，也更加不利于良好心理状态的建立。心理状态不好，转过来也会影响身体状态，进入恶性循环就不好了。

饮食适当控制的同时，可适当增加每日的活动量，走路、慢跑、舞蹈或者太极都非常适合这个年龄段的女性参加。增加运动量可以增加热量消耗，避免过量脂肪堆积，同时还能很好地锻炼身体，增强身体素质，身体素质提高了，抵御更年期各种症状的能力也就相应提高了。参加运动时可约上三五伙伴，或者参加一个小团体，这样社会交际面更广了，聊天时可以倾诉的对象增加了，心情也能更加开朗，同时能提高生活品质，使生活充满朝气，有效改善睡眠质量，如此良好的心态更容易面对身体的各种小烦恼。

3. 博爱和包容是更年期女性心理调适的法宝

谁也无法让时光的脚步停歇，更无法抵御时间在姣好面容上留下的印迹。年岁增长了，青春和美貌不再。愚钝的女人会抱怨女人命苦，没了美貌就没有了一切；聪明的女人会在岁月的经历中学会优雅，以一颗博爱和包容的心面对世界。

年轻女人对优雅的理解和演绎是肤浅和不透彻的，只有经历岁月的沧桑，阅历了人生的冷暖悲合，才可以懂得博爱的精髓，并以一颗包容的心面对世事，才能从骨子里透出一份优雅和闲适。优雅的女人具有博爱和包容的心态。历经岁月，人的身体会变得衰老，但如果能有一颗平常心和博爱包容的生活态度，其内心会随着岁月的流逝逐渐强大。良好的心理状态给予身体的是一种正面能量，更能适度降低身体由于生理变化带来的不适。

 温馨小贴士

女性延缓衰老注意事项

　　1. 女性在30岁以后就要留意多吃雌性激素含量高的食物；通过食用五谷杂粮和水果摄取植物雌激素是更加安全的选择。已发现的植物性雌激素有将近400种，其中大豆、扁豆、谷类、小麦、红薯、蜂王浆、黑米、茴香、葵花籽、洋葱等含量丰富。

　　2. 在有条件的情况下，可以食用一些牛羊猪的胎盘，胎盘的雌性激素含量高。但是一定要注意产品来源的安全性，动物胎盘很容易腐败。

　　3. 早睡早起，合理的作息时间安排是调节新陈代谢的重要手段，有利于延缓女性更年期的到来。

　　4. 培养几个爱好，发展几个好友，唱歌、跳舞、打太极拳，有三五好友常陪伴是抒发烦闷心情的好方法。换位思考，不过多地干涉儿女老伴的事情，是避免烦躁情绪的好办法。

五、50岁左右的男人，也需要关怀

1. 男人50岁，享受泰山之巅的豪迈风情

大部分男性，3岁开智，15岁进入青春期，18岁身体发育成熟，27岁身体活力最旺盛，同时心智逐步成熟，此时结婚成家正当其时；35岁以后，肚腩开始显现，肌肉不再结实，体力有些下降，爬楼梯开始大喘气，对高强度劳动有时力不从心，心智基本成熟，工作生活能够独当一面；45岁以后，体力明显下降，腰酸背疼之类的毛病逐步上身，高血压、高血脂、糖尿病之类的富贵病也找上门，知识积累、社会经验、生活智慧达到比较高的境界；到了50岁左右，大部分男性的人生进入巅峰状态。

50岁，对男性而言，是个黄金般的分水岭，体力和智力的协同达到最佳默契程度，能力和智慧达到顶峰，面对困难和挫折不再惊慌失措，沉着冷静、应付自如；不再用拳头打天下，懂得智慧人生的奇妙风景，善于处理各种生生死死的纠葛，在推杯换盏间协调，在谈笑风生中摆平；生活中的困扰和工作场面的麻烦应付起来挥洒自如，流畅自然，那种惬意的感觉如站在泰山之巅，看群山峻岭，皆在脚下，一腔豪迈风情，喷薄而出，气势恢宏。

2. 50岁以后，绚烂的生命曲线开始下行，挡不住的恐慌和危机感接踵而来

人生一世，如草木一秋，不管你是达官显贵还是平凡草民，都会演绎一个或长或短的生命曲线，最后都要回归大地，变成宇宙尘埃。男人的生命曲线，50岁的短暂辉煌很快转折而下。55岁以后，体力快速下降，精力不再持续旺盛，官场

职位基本止步，商场鏖战不再力拼，农业劳动体力不支，车间劳动耐力不足，军人退居二线，教师退出主力阵容，医生的眼力不再好使……在子孙辈眼中，老态渐现，生活中对家人和朋友不再大包大揽，在社会工作中慢慢走向边缘。

50岁左右的男人，如果在公交车上突然被年轻人让座，心头会惊慌悸动，自尊心和自信心受到的打击，真的如惊雷拍面，闪电触体。发福的身体看起来有些虚，不胖的人看着也是皱纹满面，眼袋比眼睛还大，皮松肉垮骨软筋麻，肌肉不再紧凑有力，目光不再炯炯有神；身体机能代谢能力逐渐下降，腰酸背痛、关节酸软成为常态，心脏搏动开始乏力，血管开始发脆，大块吃肉大碗喝酒的豪情不再，对美女的欣赏兴趣大减，昔日雄风逐渐变成黄花菜，那份失落的情绪确实有些让人伤感。

3. 良好的营养基础、生活习惯和心理调适是抵御衰退的有力武器

面对时间这把利刃，多牛的人都难免没落和受伤，没有人能挡得住岁月的摧残，聪明的人能做的只能是尽量让生命的下行曲线平缓。这个课题要做好其实不简单，青壮年时放浪形骸，整日疲于应酬、把酒言欢，放纵地享受青春的美好壮年的豪迈，等50岁到来才幡然醒悟，想起来要挽留青春，让雄风不减当年，可惜时过境迁，已经晃过了那个村，错过了那个店。

男人的身体保健，从35岁开始就得着手。生命运动的自然规律，由不得人的意志，能做的就是改变生活习惯。烟少抽、酒少喝，克制大油大肉食物的诱惑；能走就别站，能站就别坐，能坐就别躺，平时说话、走路、做事，动作能快尽量快，刻意保持生命运动的快节奏，减缓生命的下行曲线。

35岁以后的男人，肚腩隆起，看起来大腹便便，不只是多喝了啤酒那么简单，除了可能的腰部脂肪开始沉积，最合理的解释是胃肠筋膜禁不住经年累月的蠕动，开始松弛，本来在小腹被箍得很紧的大肠小肠蹦出狭窄的空间，使肚腩渐渐隆起，昭示着消化能力开始减退，新陈代谢强度开始消减。不过此时的男人，身体表面上看起来正当壮年，有使不完的劲，用不完的力，谁要提醒爷

们儿悠着点，大多还会不招人待见。

　　酗酒纵欲，日夜狂欢要付出损伤元气的代价；工作狂们不注重早餐营养，中午晚上的饭点毫无准头，整天忙着拯救人类，饮食相当的凑合，一准让胃病按时到来，折磨着你的身，疼着你恩爱老婆的心。其实世界不需要你去拯救，地球的运转不会因你而减速，老天爷该下雨下雨该刮风刮风，地震海啸来时你挡不住，秋天的花儿要谢你也拽不住。所谓的英雄盖世更多的只是传说，国泰民安的和谐环境里，尽着男人的那份责任，工作上不马虎，生活中过好你的小日子才是正理。身体的保养需要点滴的积累，多花些时间给家人做饭，帮老婆洗衣，监管孩子的学习起居都是人生的大事情。

　　应酬是现代人的痛，各种稀奇古怪的饭局，不喝是不给别人面子，喝了是不给自己胃肠面子。其实不是只有酒才能维护客户的脸面，生意场上诚实的合作态度，严谨履行合同承诺，可能比豪饮更能挽住客户的手，合作更持久、利润更丰厚。

　　官场上的酒是醇浆还是毒药，并不掌控在你的手里。哪个国家的官场都一样险象环生，用大部分的精力把自己分内的那些事做好了再去琢磨人，可能有更多的机会获得升迁。仕途上不盲目站队、别急着表现，大能耐放在那里，用微笑和蔼去建立上下左右的人际关系，领导不用你那是他的损失。酒桌上进退有度可能比在领导面前献媚更容易获得尊重。

　　工农兵学医，每个行业都有自己的精彩和无奈，男人们身处激荡的社会，随潮流而动大体上还是安全，身体是革命的本钱，吃好喝好不只是有钱人的事。总体来说，在工农业生产一线的劳动者虽然劳累但身体更加强健，劳动不但最光荣，还让生命更有活力；脑力劳动者可能更需要锻炼和注意饮食起居。节制是中年男人每天都需要牢记的命脉，饮食要节制，劳动量要节制，欲望要节制，言行要节制。生命在节制中流光溢彩，身体在节制中更能保持青春的活力旺盛，衰老才可能缓慢地到来。

　　35岁到50岁，15年的时光穿梭而过，并不会给你更多思考人生的机会。男人生命的精华时段就这样匆匆流逝，不紧着给自己的生命上紧发条，保持身体的营养基础，坚持适度的锻炼，等晃到50岁的时候，很容易来不及看见生命之巅的风光旖旎就未老先衰。

50岁的男人，说老不老说小不小，上顶着天下立着地，家里的老少需要你养活，工作的麻烦需要你解决，身边的矛盾需要你协调。社会主流的责任大于山，需要你多担待，没有强健的体魄，良好的心态，怎么去给后辈们做好表率？种族繁衍的不只是生命个体，需要传承的还有民族文化、社会规范。

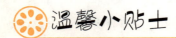 温馨小贴士

对中年男士的健康忠告

1. 保持有规律的生活起居习惯，对中年男性非常重要。熬夜的生活习惯对50岁左右的男人来说伤不起。

2. 现代社会，中年人的饭局多带有功利性，应酬常常是无奈的选择。喝酒前先吃点米饭、面条、馒头，给胃垫点底，免得空腹的情况下受到酒精伤害。

3. 喜欢锻炼的中年男士要避免做过于激烈的运动，因为此时关节韧带已经不够柔韧，容易拉伤，心脏搏动能力也承受不起剧烈运动带来的大负荷。小幅度运动更适合中年男性。

4. 抽烟酗酒、半夜K歌跳舞这种青年人威猛的生活方式不适合50岁左右的男人。清淡的饮食，宁静的心境，耳顺言拙的处世态度都有利于身心健康的自我调节。

六、光鲜外表下身心疲惫的白领

1. 生活节奏加快，生活压力增大带来的正、负效应

城市中快节奏生活的白领一族，拼命工作，熬夜加班，提薪升职的同时感觉个人价值得到了更好的体现。

常年地熬夜加班，埋头工作之余常常感觉身体这里或者那里不适，有的头昏脑涨，有的颈椎发麻，还有的失眠健忘。甚至由于过于快节奏的生活，许多美丽的白领月经不调，满脸起痘，也有结婚多年无法怀孕的年轻夫妇。医院的体检报告或许显示一切正常，可是自己就是感觉哪里不舒服。对于这种状态，现代医学定义了一个健康的边缘状态称之为"亚健康"。所谓亚健康可以简单地理解为：各个生理指标虽然正常，没有临床症状和体征，但却有病症感觉，有潜在的发病倾向，身体处于功能减退或者心理失衡的状态。这种状态如果不经过及时调理，很容易演变为真正的疾病。

2. 饮食节奏不要被加快

忙碌的工作没有时间做饭，没有时间享用一顿慢条斯理的饭菜。早餐面包加牛奶，带在车上或者在办公室花上三五分钟草草了事；午餐和晚餐不是外卖的盒饭，就是一顿快餐。每天享用美食的时间加在一起也许都不超过半个小时，时间是省出来了，可是身体能乐意吗？当然不能了，所以随之而来的就是上面说到的亚健康状态来了。

我们应该每天抽出时间，停下脚步，给自己一段休息和放松的时间，把用餐看作一件和工作一样重要的事情。用最简单最通俗的话语说：人是铁，饭是钢。除了每天的饮食提供给身体能量的同时，还需要补充各种微量元素。重压力的工作本身就消耗大量的能量，需要更多的营养补充以满足身体需求。简单的快餐，品种单一，营养物质相对不均衡，长期食用便捷的快餐，身体所需的各种营养元素得不到及时的补充，而且在紧张的工作下，锻炼身体也成为空谈，这种生活长期的积累必将给身体带来负面影响，也将逐步影响正常的工作和生活。

3. 午夜狂欢，放松还是放纵？

周末或者一个项目告一段落，约一个饭局放松一下，大吃大喝结束以后还有午夜狂欢、K歌、蹦迪，还要泡酒吧。狂欢过午夜之后，拖着疲惫的双腿，带着醉意倒头就睡。这个"放松"的结果，带来的是第二天的头昏脑涨，精神不振，而且不少人好几天都缓不过劲来。

理智地想一想，这样的狂欢到底是放松还是放纵，是不是压力释放的有效方法？

也许聚餐是交流感情的最好方法，但是酒桌上的拼酒却是一种交际诟病。不如约上三五好友一起看看电影，听听音乐，散散步，爬爬山呼吸一下大自然新鲜的空气，可能要远远胜过那种狂欢带给身体的负面影响。

4. 昂贵的营养合剂抵不过廉价但营养均衡的饮食

高强度的脑力劳动加上工作压力，常常让人感觉体力透支严重，在没有时间休息，没有时间好好吃饭的情况下，那些宣传能够提供营养快速补充的营养合剂产品备受白领欢迎。这些营养补充剂宣传强劲，价格昂贵，而且似乎不贵不足以显示其强大的功效。即便在这样的情况下，依然有不少白领趋之若鹜，貌似补充了这些营养合剂就能在不用好好吃饭的情况下依然提供给机体足够的营养。

这些人工提取，甚至人工合成的营养元素以高剂量的形式被身体接收后常常难以被很好地利用，而且自然界中并不存在这种高浓度营养元素的食品，身体对其吸收和利用也会相对有限。如果在进餐的同时服用或许效果会稍有改善。

其实我们如果能够稍微注意调整自己的饮食，不必花费大量冤枉钱就能达到事半功倍的效果，而且这些来自于天然食物中的营养元素更容易被身体吸收和利用。在工作日只能吃盒饭和快餐食品的时候，上班时可带些坚果、一个水果，或者一个可以生食的蔬菜，而且尽量每天变换花样。这样每天在上午10点左右或者下午三四点适当进行营养补充，将是一个不错的办法。晚餐也不要吃得太晚，清淡的食物、足量的蔬菜和适当的碳水化合物（最好能补充一些粗粮）是不错的选择。

5. 早餐营养，高强度生命运动的核动力

早餐距离头天的晚餐间隔时间很长，一般都在12小时以上。维持人体正常新陈代谢必需的营养物质已经极度匮乏，如果能量得不到及时、全面地补充，上午就会思维迟钝，注意力不集中，降低整个上午工作和学习的效率。而极度的饥饿状态维持到午饭时间，人体难免会摄入更多的能量，过剩的能量会转化为脂肪，堆积在身体里形成肥胖。所以一般来讲，不吃早餐不仅不能减肥，反而会增肥。

简单的早餐比如最常见的面包加牛奶，的确是属于较健康的饮食，有了碳水化合物和蛋白质的补充，还能补充钙质。但是这样的早餐，日复一日地吃，除了单调带来的味觉疲惫，也缺少更多维生素、矿物质和膳食纤维的提供，如果能够加入一个煮蛋、几片蔬菜、十几颗坚果就能够算得上是一顿营养均衡的早餐了。在上午的工作间歇再补充一个水果，在整个上午的高强度工作中肯定会精力充沛。

6. 偶尔小憩不只是小资的享受

下午抽出一刻钟时间，享受一段属于自己的下午茶时光，不但给人带来愉悦的心情，适度的休息，更能给人提供适当的能量补充。一杯宜人的下午茶，几块可口小零点，加几片新鲜蔬果，多么惬意的时光！

可口的零点如果能够避免市售的高糖、高油、高热量的糕点，用简约的白面包代替，或者在休息日，自己烘焙几款健康小食，将更加有益健康。

享受下午茶还有利于减少晚餐的饥饿程度，使晚餐时不必因为过分饥饿而暴饮暴食，这样做不但不会增肥，而且在对健康非常有利的情况下更有利于身材的保持。

 温馨小贴士

健康的生活理念小提示

1. 快节奏的快餐生活不好避免，工作时带些干果，一个水果，在上午或者下午两餐之间作为加餐，不但能补充大量维生素和矿物质，还能避免过分饥饿而在下一餐暴饮暴食，有助于美容和减肥。

2. 如果条件允许，不要过分熬夜，规律的起居生活，按时定量的餐饮更有助于远离亚健康，并为人到中年的身体奠定基础。俗话说：30岁以前人找病，30岁以后病找人。

七、做个健康的素食者

　　无论是信仰的追求，还是一种生活态度，素食在人群中都占有一定比例。正如素食者宣传的一样，素食对于人体有许多好处，对于地球的生态环境也贡献很大。素食者讲究的是一种热爱自然和生命的态度，那些打着素食幌子而用大豆制作的素肘子、素龙虾、素鲍鱼等并不属于真正的素食理念。

　　有的素食者食用奶制品和蛋类，但也有全素的素食主义者只食用完全属于植物范畴的食物，那么素食者如何能够平衡膳食，确保营养的全面均衡摄入呢？

　　对于不食用奶和蛋类的素食者，如果食物选择不合理，更容易造成蛋白质的缺乏，所以要特别注意适当添加大豆及其制品，大豆中优质蛋白的含量大约为40%，人体非常容易吸收和利用。其他豆类和干果类食品也能提供蛋白质，根据身体需要，经常选择这类食品很有必要。

　　再者人类对于植物中铁的吸收率不高，所以素食者需要适当选择富含铁质的食物，如黑木耳、芝麻酱、豆类、干果等，以避免产生缺铁性贫血。

　　因为素食的食材多数味道清淡，为了食物的口感更好，很多素食菜肴中会放入更多的油脂来增加食物的香味，过多的植物油脂一样会造成能量超标，产生脂肪堆积。油脂适量是身体健康的一项重要保障。

　　其实无论是否素食，选择食物的多样性是身体获得更多、更均衡营养元素的重要法宝。那些仅仅偏好几种食物的人最容易造成营养不良。素食与否其实也不必勉强，适合自己的才是最好的，无论哪种饮食，自己吃了身体健康最重要，没有必要强迫自己肉食或者素食，勉强的结果是从心理影响到生理，反而对健康更加不利。

"京版集团健康专家宣讲团"简介

京版集团的健康生活类图书是集团内部众多产品线中较为独特的一支。在研发和出版过程中，始终坚持着"专家、权威、科学、实用"的原则，为广大读者奉献了一本本好书。

从早期的《家庭卫生顾问》、《婴幼儿保健全书》，到后来的《登上健康快车》、《不活九十多，就是您的错》都广受读者好评，引起强烈的反响。近年来优秀健康生活类图书不断出版，如《每天走好6000步》在2010年入选"大众喜爱的50种图书"；《中医药文化传播丛书　中药养生堂》、《中医药文化传播丛书　黄帝内经养生堂》在2012年荣获国家中医药管理局、新闻出版总署联合推荐的"首届全国优秀中医药文化科普图书"的称号。由此可见，京版集团的健康生活类图书现已受到了广大读者和权威专家的喜爱和信赖。

前些年，由于出版行业对健康生活类图书监管不严，普通百姓又对健康生活的常识了解甚少，导致了图书市场品种泛滥，良莠不齐，造成了当时的人们对所谓"神医"的盲目崇拜，盲目地选择健康生活类图书产品。这一切因素导致了"张悟本"、"马悦凌"等"伪专家"、"伪科学"的出现。时下社会，人们被食品安全、滥用药品、亚健康等问题缠绕着，这些和健康相关的问题往往让人们不知所措，给人们的生活带来无尽的烦恼和忧虑。随着社会相关媒体的关注报道和读者自身关于健康知识的了解，读者目前在选择健康生活类的图书产品时显得格外谨慎。

面对上述情况，面对读者对当下健康专家和健康产品诸多问题感到迷惑的现状，京版集团本着关注社会热点问题，满足广大读者对医学健康知识和科学的生活方式的热切需求，组织成立了"京版集团健康专家宣讲团"，号召并组织在医学健康领域的知名专家、学者，长期以医学健康知识和科学健康的生活方式为主题举办公益宣讲活动，旨在面向大众宣传正确的健康养生常识，普及医学科普知识，使人们加强科学生活的意识，树立正确的生活理念，了解生活中不科学、不正确的习惯，向伪专家、伪科学说"不"。通过宣讲这种形式，为大众答疑解惑，引导人们培养积极乐观的生活态度，建立科学合理的生活方式。

"宣讲团"自2012年8月4日启动后，截至2012年12月底，已经在京、津、冀、苏、港等地的街道社区、大专院校、社团、新华书店成功举办了近20场宣讲活动，每场活动均受到主办方及现场观众的高度赞扬，现场反应非常热烈。

三好图书网 www.3hbook.net 好人·好书·好生活

我们专为您提供
健康时尚、科技新知以及艺术鉴赏
方面的正版图书。

入会方式

1.登录www.3hbook.net免费注册会员。
（为保证您在网站各种活动中的利益，请填写真实有效的个人资料）

2.填写下方的表格并邮寄给我们，即可注册
成为会员。（以上注册方式任选一种）

会员登记表

姓名：————— 性别：——— 年龄：———

通讯地址：————————————————
————————————————————

e-mail：————————————————

电话：—————————————————

希望获取图书目录的方式（任选一种）：
邮寄信件 □   e-mail □

为保证您成为会员之后的利益，请填写真实有效的资料！

会员优待

·直购图书可享受优惠的折扣价
·有机会参与三好书友会线上和线下活动
·不定期接收我们的新书目录

网上活动

请访问我们的网站：
www.3hbook.net

三好图书网
www.3hbook.net
地 址：北京市西城区北三环中路6号 北京出版集团公司7018室   联系人：张薇
邮政编码：100120   电 话：（010）58572289   传 真：（010）58572288